U0171186

自然图解系列丛书

智慧的动物王国

[西] 玛丽亚·桑切斯·瓦迪洛 著

刘文君 译

中国科学技术出版社

·北 京·

图书在版编目（CIP）数据

智慧的动物王国 /（西）玛丽亚·桑切斯·瓦迪洛著；刘文君译. —北京：中国科学技术出版社，2023.11

（自然图解系列丛书）

ISBN 978-7-5236-0232-4

Ⅰ. ①智… Ⅱ. ①玛… ②刘… Ⅲ. ①动物—青少年读物 Ⅳ. ①Q95-49

中国国家版本馆 CIP 数据核字（2023）第 090923 号

著作权合同登记号：01-2023-2023

策划编辑	王铁杰
责任编辑	王铁杰
封面设计	锋尚设计
正文排版	锋尚设计
责任校对	吕传新
责任印制	李晓霖
出　　版	中国科学技术出版社
发　　行	中国科学技术出版社有限公司发行部
地　　址	北京市海淀区中关村南大街 16 号
邮　　编	100081
发行电话	010-62173865
传　　真	010-62173081
网　　址	http://www.cspbooks.com.cn
开　　本	889mm × 1194mm　1/16
字　　数	268 千字
印　　张	10
版　　次	2023 年 11 月第 1 版
印　　次	2023 年 11 月第 1 次印刷
印　　刷	北京瑞禾彩色印刷有限公司
书　　号	ISBN 978-7-5236-0232-4 / Q · 251
定　　价	128.00 元

（凡购买本社图书，如有缺页、倒页、脱页者，本社发行部负责调换）

目录

前言

1871年，英国生物学家查尔斯·达尔文出版了《人类的由来》，他在书中写道，人类与“高等”动物之间的智力差异虽然很大，但只是程度的差异，而不是物种的差异。换句话说，如果人类有智慧，那么动物拥有智慧也不是不可能的，但程度较低。

达尔文还补充道，这种能力不仅存在于脊椎动物中，而且也存在于蜘蛛和蝴蝶中。1882年，英国心理学家和生物学家乔治·罗曼尼斯继续了这项关于智力进化的研究，汇编了大量关于动物智力的描述，动物智力被认为是学习和了解现实世界的能力。

但达尔文和他的支持者很快就被贴上了拟人论者（将人类的特征套用到其他物种）、天真的标签，他们的想法因此受到了嘲讽。直到20世纪的最后几十年，动物仍被认为仅仅是刺激—反应的机器。即使在今天，人类和动物拥有共同的特征和能力，特别是在智力方面，这种观点对一些人来说仍然难以接受，或许这种想法证明了人类对待其他物种的方式是正确的。幸运的是，技术的进步及通过互联网的快速传播，几乎每周都会有关于动物认知的新发现，这些发现往往是意想不到的。

通常，人们将其他动物的智力与人类的智力进行比较，认为其他动物越像人类，它们就越聪明。这种看法并非完全错误，虽然确实不应该陷入过度的拟人论，随意将人类的特质归于其他物种，但我们也不能忘记人类也是动物。

人类的大脑与其他哺乳动物的大脑有着相同的基本结构：有相同的组成部分和神经递质。它们的相似程度如此之高，以至于为了治愈人类的恐惧症，人们正在研究老鼠大脑杏仁核与恐惧的关系。但这一切并不意味着猩猩的思维与人的思维是一样的，尽管本质上这两个过程之间存在接续性。动物往往知道为了在其环境中生存它们需要了解什么，就像人类一样。

与人类不同的智慧很有可能存在，因为每个物种对周围的环境有不同的感知，就像对于海豚和蚂蚁来说，世界是不一样的。这不能说明谁更聪明，只能说明存在不同的智慧。

本书旨在展示其他动物的认知能力的不同示例，以便读者能够得出自己的结论。为此，我们将其分为五个“非常人类化”的特征部分：

- 自我意识和心智理论
- 工具的使用和问题的解决
- 记忆和学习
- 交流和语言
- 动物适应性

我们有许多物种展现出这些能力的例子，不仅是出于好奇，更是得到了科学研究的证实。然而，这中间还有很大的缺口，所有的这些示例物种都是有认知能力的，但我们只找到了其中很少的一部分。对“野生”动物在实验室进行实验或追踪是非常困难的，因此科学界仍然缺乏关于猎豹、犀牛或深海鱼类的能力的证明数据，这里仅列举了几个例子。如果某些物种没有被列出，并不意味着它们没有智慧，而是在这方面人类还没有进行足够的实验。这可能只是时间问题。

人类花费大量的金钱和精力在宇宙中寻找智慧生命，与此同时，却否认周围的生物拥有智慧。也许人类害怕发现自己并不像所认为的那样特别。人类更应该利用自己的智慧真正地理解并设身处地为其他物种着想。

自我意识和心智理论

科学家们一直在寻找人类与其他动物的区别，让人类感觉自己是“被选中的物种”，他们得出的结论是，自我意识、语言和工具的使用等方面都是人类所独有的。

为此，美国心理学家戈登·盖洛普在1970年进行了一次测试，据说是为了衡量动物的自我意识。这位科学家是基于查尔斯·达尔文的观察结果，当时他在伦敦动物园的红毛猩猩园舍中放置了一面镜子。盖洛普在四只野生黑猩猩身上重现了这个测试，据说它们从未接触过反射表面。

测试方法很简单：让动物在镜子前待上相当长的时间后，一名研究人员会分散它的注意力。同时，另一名研究人员会用无味的墨水在动物身上做标记。然后，当动物再次照镜子并看到标记时，研究人员观察动物是否认出标记是在它身体上，而不是存在镜中。

黑猩猩通过了测试，此后该测试被用于衡量动物是否具有自我意识，有些人认为只有通过测试才能证明拥有自我意识，而另一些人则认为这是所有生命形式的特征。

除黑猩猩外，倭黑猩猩、红毛猩猩、海豚、亚洲象、虎鲸、普通猕猴、喜鹊甚至鸽子都通过了这项测试，但有几种动物需要进行讨论，以确定那些可怜的动物为什么会失去自我意识。同样的情况也发生在大象身上，因为亚洲象能认出自己的影像，而更冲动的非洲象则不能。镜子测试存在多个阶段，从绝对混乱到完全理解镜像。顺便说一下，这些阶段在儿童身上也是被认可的。

一只猴子坐在树上，看着镜子里的反射，这是一种衡量自我意识的方法之一。

盖洛普的解释是有问题的，它需要之前有过使用镜子的经验，即使人类第一次看到镜子，其第一反应通常也是恐惧。此外，从逻辑上讲，所有动物都需要将其身体与周围环境分开。例如，海豚和蝙蝠在区分自己的发声、回声与其他生物发出的回声时，是有自我识别能力的。

缺乏自我概念的生物是无法将自己与其他任何事物分开的，因此会将镜像认作自己本身的。大多数动物不理解这种反射，而其余动物则不在乎。即使是那些在镜子里认出自己的动物，起初也认为那是另一个个体，并试图向后面看。它们最终意识到镜中的个体在做和它们一样的事情，会用夸张的动作和手势来证明这一点。然后，它们会查看通常隐藏在视线之外的所有区域，例如鼻子、嘴巴、生殖器的内部，海豚还要查看自己的喷气孔。

一些鸟类，如春天的青山雀，当它们变得更有领地性时，可能会攻击汽车玻璃或后视镜中自己的影像，因为它们知道自己与其他鸟类不同。猴子有时会用它作为工具，因为如果食物被藏起来，只能通过观察镜子中的反射来确定位置，它们就能毫不费力地找到食物。

许多狗也能做到这一点，但它们会忽略自己的镜像，不会将自己与其他狗混淆（可能是因为它们主要靠嗅觉，而不是视觉）。非洲灰鹦鹉、经过一些训练的鸽子或普通猕猴也具有学习能力。卷尾猴对自己影像的反应与在另一个同类面前的反应不同，它们会和影像保持长时间的眼神交流，好像它们喜欢看着“对方”一样。

在自我意识方面，乌鸦开始挑战灵长类动物的认知优势。喜鹊在没有任何事先训练的情况下，一直用脚不停地抓挠，直到研究人员贴在它们身上的黄色贴纸脱落，而它们忽略了黑色羽毛上的另一种“看不见的”黏合剂。

正如荷裔美国动物行为学家和灵长类学家弗朗斯·德瓦尔所提出的，“自发的自我识别具有意义。它可以表明更强的自我个性，这也反映在观点采纳和有针对性的帮助上。这些能力在通过测试的物种中更加明显，就像在两岁以上的儿童中一样。但我不能相信在其他物种或更小的儿童中没有任何自我意识。”那些认出自己的动物最重要的是，它们明白镜子里不是自己，而是一个形象，因此观察者拥有想象能力。即使在今天，人类之外的物种拥有自我意识，这种说法还会引起震惊和激烈的争论。许多研究人员仍然坚持区分“有意识的”人类行为和“自动化”动物行为。他们认为动物有行为，但“动物不知道自己在做什么”。最多认为动物对世界有认识（意识），但不知道自己有这种认识（自我意识）。

但是，由于新技术和方法上的改进，一系列的实验结果使一些行为科学家得出结论，自我意识并不是人类所独有的。例如，对于狗来说，镜子测试被通过嗅觉进行自我识别的测试所取代，在这个测试中，它们证明了自己拥有自我意识。

一只澳大利亚牧牛犬在进行测试，该测试通过嗅觉检验自我识别能力。

心智理论

“心智”这个术语是1978年由研究黑猩猩的研究人员创造的。他们给黑猩猩看了一些录像，在这些录像中演员努力伸手去抓特别高的香蕉，或者在没有点燃的火炉前颤抖。他们希望黑猩猩指出显示解决方案的图像（例如炉子火焰的图像）。如果黑猩猩没有选择正确的图像，研究人员就认为它们不理解这个问题，没有心智。显然，那些不知道自己应该做什么的黑猩猩没有做对，所以就被否认了它们有这种能力。

但是新的研究，特别是在野外而不是在实验室中的研究发现，不排除动物“欺骗”或知道他人意图的可能性。生活在社会群体中的生存方式促进了它们掌握群体中的其他成员的意图和愿望，这种能力可以给社会动物带来的好处是毋庸置疑的。

有时，在疣猴群中，一只疣猴猛跑时会发出报警信号，这种报警信号暗指“鹰”，它只是为了让群体中的其他成员逃离，以便独自享用这个地方的水果。斑鬣狗也会发出虚假警报，以便在其他狗意识到这是谎言之前从尸体上多偷吃几口。当一只狗知道自己没被注意时，它会偷食物或爬上沙发，就像西丛鸦或松鸦一样，如果有其他同类看到它们正在做什么，它们将会躲起来，不会掩埋其食物。鸻通过假装受伤，分散狐狸对巢穴的注意力，同时远离蛋或小鸡所在的地方。一些恒河猴有可能从两个人那里“偷”葡萄，选择不易被发现的方式放置葡萄。黑猩猩追逐权力，并会计算给予和受到恩惠的次数。所有上面这些动物，以及更多的动物，都必须猜测其他伙伴的想法，并且具备欺骗的能力。

海豚团结合作进行捕猎。

欧亚松鸦会埋藏食物，但只有在没被看到时才会这么做。

关于意识的剑桥宣言

2012年7月，在英国剑桥大学的会议上，发生了一件历史性事件：众多科学家共同发表了宣言，宣布非人类动物意识的存在。“大量证据表明，人类并不是唯一拥有产生意识的神经基质的动物。新皮质的缺失似乎并不妨碍有机体体验情感状态。许多证据一致地表明，非人类动物在意识状态下具有神经解剖、神经化学和神经生理的基质元素，以及表达意向性行为的能力。”也就是说，鉴于人类与其他脑容量较大的物种在行为和神经系统方面的相似性，没有理由坚持只有人类是有意识的观点。这份文件是英国物理学家斯蒂芬·霍金在场的情况下签署的，并有美国加州神经科学研究所的大卫·埃德尔曼、斯坦福大学的菲利普·洛和加州理工学院的克里斯托夫·科赫等知名神经科专家参与。

西丛鸦

西丛鸦是鸦科（包括乌鸦、松鸦和喜鹊等其他鸦科动物）的一种物种，原产于北美洲西部，在那里的灌木丛中其数量非常多。它的头部、翅膀和尾巴是蓝色的，而背部和身体下部是灰色的。

一些科学家提出，西丛鸦有可能在精神上能够穿越回过去，这一点直到最近还被认为是人类独有的能力。

西丛鸦是聪敏而机警的鸟，不会忽视任何东西。和其科里的其他成员一样厚颜无耻，被称为“灌木丛中的胡狼”，因为它是流氓和小偷。它是公园和花园里的常客，会在猫的尾巴上狠狠地啄一下，转移猫的注意力以偷窃其食物，当猫转身反击时，它会跳上战利品，高兴地尖叫着迅速离开。

这种鸟是单配偶制的，它们成对生活在鸟群中。在繁殖季节，面对入侵者，它们的领地性和攻击性会异常强烈，它会发出刺耳的声音，这些声音会让“血管中的血液冻结”，这正是它们的意图。

西丛鸦是一种喜欢囤积的物种，会贮藏橡子和坚果，以及昆虫和蠕虫。像松鸦一样，它们在自己领地上有数千个贮藏室，用来分散储藏这些食物。它们有着双重行为，在储备食物的同时，还会掠夺其他鸟类的食物。这就产生了一种非常聪明的行为：一种暗示性的欺骗，无论是贮藏者为了保护它们的贮藏物，还是掠夺者为了获得贮藏的食物，它们须通过欺骗战胜掠夺者，或者贮藏食物的保护者和其他参与竞争的偷窃者。

概况

学名：
西丛鸦（*Aphelocoma califórnica*）

分类：
雀形目鸦科

分布范围：
西丛鸦主要分布于北美洲西部，从华盛顿州南部到墨西哥中部。

食物：
西丛鸦是杂食性动物，其食物很大程度上取决于一年当中的季节。昆虫、小蜥蜴、谷物、浆果和坚果等都是它最爱的食物。

声音：
像其他鸦科动物一样，西丛鸦非常擅长发声，已经有多达20种已知的不同类型的叫声，且声音各不相同，如甜蜜的求偶音调或刺耳的威胁性鸣叫。

西丛鸦是一种非迁徙物种，可以在城市内被找到。体形中等，长30厘米，翼展40厘米。它们有时被误称为蓝松鸦，而蓝松鸦是一种完全不同的鸟类。近年来，西丛鸦扩大其分布范围，已扩展到美国华盛顿州的皮吉特湾地区。

小偷（或西丛鸦）认为所有同类都是小偷

英国剑桥大学心理学家和比较认知学教授尼基·克莱顿在完成一系列研究后证实，只有另一只鸟在看着时，西丛鸦才会喜欢将食物埋藏在阴凉处或隐蔽处。如果另一只鸟能听到但看不到它，它将会把食物藏在产生较少噪声的基质中，如土壤而不是砾石。而如果观察者看到了食物贮藏的位置，西丛鸦将会回到那个地方，把食物转移（或假装转移）到另一个地方。即使食物被藏起来后，它也会假装寻找新的地方。这种欺骗行为只有在面对潜在的对手时才会进行，因为对于其伴侣，西丛鸦是绝对诚实的。

然而令人惊讶的是，西丛鸦只有在过去进行过盗窃行为的情况下才会考虑采用这些策略。那些没有偷窃过食物的西丛鸦，几乎从不改变其食物的位置……“小偷认为所有同类都是小偷”。

西丛鸦会储存食物，并在很久以后依然记得其藏物处。

研究

食物转移策略

丛鸦只有在知道自己被另一只鸟看到的情况下，才会将食物从贮藏的地方转移到另一个地方，而在它独处时或放置一面镜子在那里的时候则不会转移食物。

虽然过了一段时间，但丛鸦会记住有其他鸟之前在看它，并趁机将食物藏到观察者的视线之外。

特征

智慧行为

心智理论。西丛鸦运用自己作为小偷的经验去揣度其他小偷的行为，也许它可以想象到另一只鸟知道或不知道的东西。

记忆和空间认知。要记住所贮藏的东西，如果它们被看到，还要记住谁看到了，以及在哪里看到的。它们拥有情节记忆。

社会智慧。它们成群生活，是社会性动物，这意味着这些动物有复杂的关系。

概况

学名：
家犬（*Canis lupus familiaris*）

分类：
食肉目犬科

分布范围：
家犬分布于任何有人类居住的地方。

食物：
理论上，家犬属于肉食性动物，但在某些环境下也是杂食性动物。

声音：
家犬嚎叫、吠叫、哀嚎、哼叫……

边境牧羊犬被认为是最聪明的犬种，原产自苏格兰和英格兰，是混血狗老汉普（Old Hemp，1893—1901）的后代，老汉普的父亲是牧羊犬，母亲是猎犬。边境牧羊犬是工作犬，也是出色的牧羊犬，在重复少于五次的情况下就能够领会新的命令，而且在主人第一次发布命令时它就能够服从（成功概率为95%）。它的快速学习能力和顺从性使一些狗出名了。例如边境牧羊犬"猎人"（Chaser）就是这种情况，它可以通过玩具名称认出1022种不同的玩具；里科（Rico），认识200多个单词。

犬

犬（现代俗称为狗）是与人类关系最密切的动物之一，被称为"人类最好的朋友"并非没有道理。它们是大约1.5万年前从野生的灰狼驯化而来的，现在这两个物种之间的身体差异可能非常大，但遗传变异很小。众所周知，那些灰狼也会在人类居住区附近徘徊，寻找食物。

研究人员发现，经过几代的驯化，包括犬在内的大多数哺乳动物，相对于它们的野生祖先，其骨骼和大脑都变小了。

最忠实可靠的狼离人类更近，吃得更好，它们会产下更多携带温顺基因的狼崽。这些动物会对捕食者或陌生人的出现发出警报，这确实鼓励了人类喂养它们以保持亲近。从那时起，犬和人类就为相互适应而进化了，它们陪伴人类走遍了世界的各个角落。目前大约有350种犬，其中大多数被用于捕猎、守卫、放牧、协助警察工作、救援、导盲、治疗或仅仅作为宠物。美国动物行为学家卡尔·萨菲纳认为，"狗也驯化了人类，当它们变得依赖我们时，也让我们依赖于它们。看看我们看到它们摇尾巴时的反应就知道了。"

虽然犬被归类为肉食性哺乳动物，但也是杂食性的，这有利于它们适应各种食物。犬的视力可以说列在中等，因为它们的细节敏锐度很差，但它们对移动物体的感知能力非常好，至于颜色，狗对红色和绿色的感受力与色盲相同。它们最好的感官是高度发达的听觉和比人类强100万倍的嗅觉（狗有嗅脑，和我们人类的不同，人类最好感官是视觉）。这种动物与人类保持的密切接触促进了它们某些认知能力的发展，例如，当人类用手指指向某物时，它们能够理解人类的手势（猿没有这种能力），或者它们能够通过动作、哼叫、哀嚎或嚎叫向人类表达其愿望或需求，同时也认识大量的词汇。此外，它们似乎可以感知人类的情绪并能作出反应。

驯化了人类的动物

犬没有在镜子里认出自己，但也没有将自己的镜像与其他犬混淆，也没有试图攻击其他犬或与之打招呼，但它们会嗅闻镜像中的自己，并在其周围撒尿，可能是因为视觉不是它们的主要依赖的感觉。为此，俄罗斯托木斯克国立大学生物研究所的学者罗伯托·卡佐拉在发表在动物行为学期刊《行为学、生态学与进化》上的一项研究中，决定用四年时间开发一项“自我识别嗅觉测试”。

卡佐拉每次从四只不同的狗身上采集尿液样本，并将五个棉垫放在围栏后面，其中四个浸满了尿液，一个没有气味；然后让这些动物分别进入围栏五分钟，并记录狗对每个样本所花费的时间。结果显示，这些狗不仅在同类的尿液上花费了更多时间，而且随着它们年龄的增长，其在自己的尿液上花费的时间在减少。这表明，狗不仅有自我意识（尽管是以嗅觉，而不是视觉的方式表现出来），它们能够识别自己的气味，而且随着年龄的增长，这种自我意识也会增强，这与人类的情况完全一样。

卡佐拉说：“动物没有通过像镜像测试这样的测试，并不一定意味着它没有自我意识，而可能是正在进行的实验是基于不正确的假设。”

驯化带来了安全和食物保障，但也是有代价的。这意味着放弃了自由和一定程度的自信，从而变得有所依赖。

犬，
或称家犬

研究

自我识别嗅觉测试

所有犬在其同伴的尿液上花费的时间比在自己的尿液上花费的时间更多。犬通过嗅觉表现自我意识。

尿液样本

关联时间

狗＼样本	样本 1	样本 2	样本 3	无味样本
狗 1	⏳	⏳⏳	⏳⏳	⏳
狗 2	⏳⏳	⏳	⏳⏳	⏳
狗 3	⏳⏳	⏳⏳	⏳	⏳

⏳ 花费的时间更少　⏳⏳ 花费的时间更多

特征

智慧行为

自我意识和心智理论。犬虽然没有通过镜像测试，但它们确实通过了自我识别嗅觉测试。此外，犬知道主人所知道的，并了解其他关系，包括人类和其同类。

适应性。犬对任何条件的适应能力都很强。

学习。犬学得很快。

交流。犬是社会性动物，有复杂的交流方式，包括动作和听觉，与人类在一起使它们对人类的交流方式有了深刻的理解。

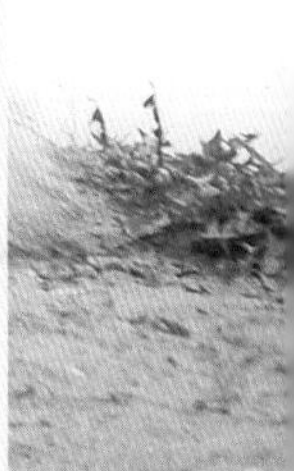

亚洲象

概况

学名:
亚洲象（*Elephas maximus*）

分类:
长鼻目象科

分布范围:
亚洲象主要分布于中国南方、斯里兰卡、印度南部和东北部、孟加拉国、中南半岛、苏门答腊和加里曼丹岛东北部等地。

食物:
亚洲象以水果、蔬菜和树皮为食。

声音:
亚洲象吼叫、怒吼、咆哮、鼻息、吁气、喊叫、哀嚎、尖叫。

2004年，泰国发生了一件非常罕见的事件，该事件表现出了这些巨象的敏感性。在一次旅游观光节目中，工作的大象开始哭泣，并用它们的长鼻子开始将惊恐的游客卷起，放在其背上的大篮子里。然后它们逃到了高处，将人类从可怕的海啸中拯救出来，这次海啸在圣诞节期间摧毁了多个地区。

亚洲象是亚洲最大的陆地哺乳动物，身高甚至能超过2.5米。自古以来，东南亚人民就一直与这些动物保持着密切的联系，它们从事过最繁重的工作，承载过皇室成员，并在狩猎和战争中也发挥过作用。它们在印度教和佛教中也被认为是神圣的。

大象因象牙而受到猎人的追捕，象牙在国际市场上备受推崇。然而，这些象牙在大象的生活中更为重要，用来举起物体、挖掘，甚至被用在交配仪式中。

与它们的近亲非洲象不同，亚洲象平和且温顺，易于被驯化，但它们的性情经常多变。与非洲象的其他区别是亚洲象体形更小，它们的耳朵也更小，头部更加鼓起，只有雄性有象牙，在其长鼻末端长有一个类似手指的突起，这个突起能够让它们抓住小的物体，而非洲象长了两个。这个长鼻有一万块肌肉，是一个多用途器官，还可以用来嗅闻、吼叫、喝水和爱抚。

大象能够感受广泛的深层情感，如友谊、爱情、哀悼、幸福、悲伤……它们的社会组织是母系社会，由年长的雌象作为首领，该首领知道去哪里寻找食物和水，它们与其他雌性和幼象一起生活在大约有12只个体（亚洲象）的群体中，而成年雄性则独自游荡。大象的怀孕期比其他哺乳动物要长，不多不少，有22个月。它们吃水果、蔬菜和树皮，如果可以的话，一天最多能吃下100千克。因此，它们必须长途跋涉寻找食物和水；尽管其体形庞大，但它们可以以超过40千米/小时的速度奔跑。在休息的时候，它们睡得很少，除了幼象，一般都是站着睡觉。大象是动物园和马戏团中经常出现的物种，在野外生存的数量已经大为减少，这主要是由于狩猎（为了获取象牙）和栖息地丧失造成的。大象因此濒临灭绝。

温柔的巨人

由美国亚特兰大埃默里大学的约书亚·普罗尼克、纽约哥伦比亚大学的弗朗斯·德瓦尔和纽约水族馆的戴安娜·瑞斯领导的一组动物行为研究人员决定对亚洲象进行盖洛普镜像测试，因为这些动物拥有庞大而复杂的大脑，并表现出移情能力和利他主义行为。

科学家们向纽约市布朗克斯动物园的三头雌性大象——乐乐、玛克辛和帕蒂提出了挑战。他们在这些动物的游戏区放置了一面近三米高的镜子，并用摄像机记录下了所发生的一切。这三头象一被放进游戏区，就走到镜子前，前后打量，在镜子前做动作，或张开嘴，似乎想看看镜子里面有什么。但乐乐是唯一一个反复用鼻子触碰画在它额头上的白色“X”标记的大象，这个标记只有看其镜像时才能看到……它这样做了47次！这头大象忽略了另一个用透明颜料做的标记，这个标记也被画在其头上，以确保它不是简单地对触摸或气味作出反应。

这个测试并不意味着它们的非洲亲戚没有自我意识或心智理论，而是其更加狂野和桀骜不驯的本性使得在它们身上尝试这种类型的实验更加困难。

亚洲象

研究

盖洛普镜像测试

自我意识。乐乐通过了测试，它是参加挑战的三头象中唯一一头认出了画在它头上标记的大象。

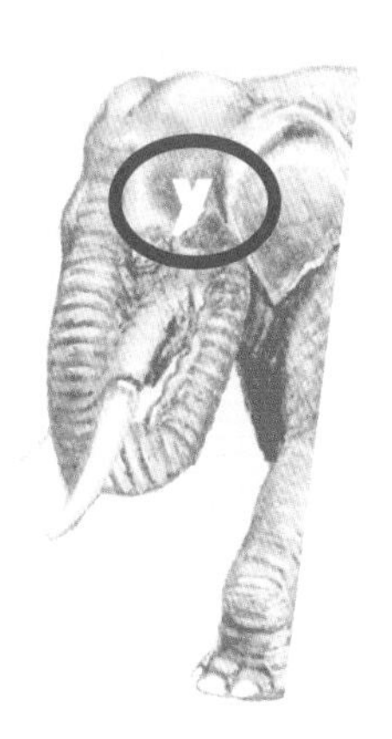

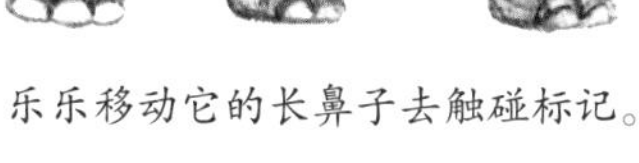

乐乐移动它的长鼻子去触碰标记。

特征

智慧行为

记忆。以“大象记忆”而闻名，这使它们能够记住在食物匮乏时哪里可以找到水和食物。

交流。交流方式很复杂，甚至使用次声交流。

工具的使用和问题的解决。它们的长鼻子可以让它们拧断铁棍，画画，拉着绳子去拿食物，等等。它们还用棍子给自己抓痒或驱赶苍蝇。华盛顿动物园的一头大象坎杜拉拖动、放置并爬上了一个箱子的顶部，以获取更高的绿色树枝。

概况

学名：
松鸦（*Garrulus glandarius*）

分类：
雀形目鸦科

分布范围：
松鸦在欧洲、北亚、中亚和西亚以及撒哈拉沙漠以北的非洲广泛分布，因此它避开了更干旱地区。它主要生活在森林中。

食物：
像大多数鸦科动物一样，它是机会主义的杂食性鸟类，它会根据其栖息地在任意时期可提供的食物来调整其饮食。

歌声：
松鸦展现出多种声音。只要有最轻微的警报信号，它就会发出响亮而刺耳的尖叫声，这使它成了真正的森林守护者。它还会发出嘶嘶声、口哨声和呜呜声，它是一个很好的模仿者，不仅可以模仿其他鸟类的鸣叫声，还可以模仿其他动物的声音和叫声，甚至是咳嗽声。

人们已经观察到这些鸟是如何举行葬礼的。根据美国加州大学戴维斯分校的一个团队所进行的一项研究，松鸦在举行葬礼时，会停下它们的活动，围绕着尸体，以试图发现附近是否有危险，如果有危险的话，它们会用警告的声音告知其同伴。

松鸦

松鸦是鸦科的一种鸟类，身体呈粉红色，翅膀边缘有美丽的蓝黑色羽毛。它是个机会主义者，其食物多种多样，从昆虫和蛋到水果和种子，但它真正喜欢的是橡子，尤其是冬青栎的橡子，但它并不会拒绝来自其他栎树，如栓皮栎的橡子。这种“美食奇思妙想”给松鸦带来了挑战，因为冬青栎仅在秋季才有丰富的橡子。怎么能在一年四季吃到橡子？它找到了解决办法。

它的生态重要性在于它将种子和其他果实埋在地下，从而有助于它所栖息的森林长出更多树木。于是这些松鸦变成了种子鸟，对于生态系统保护非常重要。

规划未来。在秋季和初冬时期，它几乎一直致力于储存橡子。这将使它能够度过食物匮乏的季节并在来年春天喂食雏鸟。仅一只松鸦在一个季节就可以积攒4500～5000个橡子。松鸦将橡子埋在距离收集它们的森林相对较远的地方，深度在3～5厘米，靠近突出的标志物，如岩石、树干或其他标记，然后用土和落叶覆盖住它们，从而避免被其邻居们发现。

这些被埋藏的橡子连野猪都找不到。橡子从掩埋到被吃掉可能会过很长时间，这使得其中的一些有可能发芽，因此松鸦埋藏橡子的行为被称为天然的“植树造林”。这些食品贮藏室没有明显的痕迹，但令人惊讶的是，松鸦几乎能够找到所有的橡子和每一个橡子被埋藏的地方。这得益于它惊人的记忆力，不仅能记住藏在了哪里，还能记住在什么时候，藏了什么食物。

森林种植机

在英国剑桥大学的心理学家克莱顿和狄金森于1999 年发表的一项实验中，研究人员让每只鸟有机会将两种食物藏在几个装满沙子而不是水的桶中：

- 蠕虫（它们最喜欢的）。
- 坚果（它们不是那么喜欢的）。

在这些桶周围有一些物体可以让松鸦作参考。当鸟儿埋好食物后，就被带出实验区域，几个小时后再回来后……它们直接去了藏虫子的地方。为了避免任何嗅觉信号或其他标记，食物之前已被移走并换了新沙子。

如果过了很长时间比如几天以后，重复同样的实验，允许松鸦找回食物，松鸦就不会再费力寻找蠕虫，它们推测蠕虫已经腐烂，改为寻找坚果了。

蓝色松鸦

普通松鸦嘴里叼着它最喜欢的食物之一——橡子。

研究

在没有嗅觉信号或其他标记情况下完成
这可以表明，松鸦不仅知道了藏了什么以及何时藏的，而且它们还有经验，一些食物，如幼虫，会随着时间的推移而变质。

贮藏处

 坚果

 蠕虫

特征

智慧行为

记忆和空间认知。松鸦用记忆和空间认知找到埋藏的食物。

时间感知。松鸦知道自己藏了什么食物，以及什么时候藏的。此外，它们还会预知未来。

学习。松鸦根据经历过的经验，知道如果过去足够长的时间，一些食物，如蠕虫，最终会腐烂。

概况

学名：
大猩猩属
西部大猩猩（*Gorilla gorilla*）
东部大猩猩（*Gorilla beringei*）

分类：
灵长目人科

分布范围：
喀麦隆、中非共和国、刚果民主共和国、加蓬、几内亚、尼日利亚、卢旺达和乌干达。

食物：
大猩猩是素食者，但他们也能够摄食昆虫。

歌声：
据估计，大猩猩至少拥有22种不同的用于交流的声音（尽管不像人类的声音那样，但被认为是一种可识别的语言）。大猩猩的声音非常多种多样，从警报声到类似婴儿哭泣声。

大猩猩很不喜欢水。它们很少喝水，但食用的多汁蔬菜为它们提供了足够的水分。大猩猩讨厌游泳，所以它们通常在河岸边游走，寻找最好的渡河地点。有人看到它们把树干当作桥梁，而有一只雌性大猩猩——莉亚在过河前用一根棍子测量河的深度。

大猩猩

在很长一段时间里，大猩猩都是一个神话，因为当时的原住民和探险家在偶尔与它们相遇时，将它们误认为巨大的、具有攻击性的人类。没有什么能比这更离谱了。尽管大猩猩是最强壮的和体形最大的类人猿（雄性通常身高在1.65～1.7米，体重约200千克），但它们害羞而平和。大猩猩一词源自一个希腊语单词，意思是“毛茸茸的女性部落”。

如果大猩猩群体中出现任何冲突，它们能够仅用一个挑衅的眼神就打断有问题的行为。

“银背”是指12岁以上的成年雄性大猩猩，因其背部毛发呈灰色而被称作“银背”。几只“银背”可以生活在一个群体中，但只有一只是引导和保护群体的领导者。遇到危险时，它将负责与敌人正面交锋，双手握拳并用力捶打自己的胸部，像打鼓一般，以显示其力量和实力。

大猩猩的日常生活基本上包括进食、午间小睡和晚上休息。它们通常会在地面上搭窝或以植被为床，因为它们是陆栖性动物。

大猩猩分两个物种，东部大猩猩和西部大猩猩，由刚果河隔开，每个物种都有两个亚种。当然最著名的是山地大猩猩，这要归功于美国学者戴安·弗西的工作，她把山地大猩猩视为“她的家人”。她与它们生活在一起，观察它们并自由地研究，出版了《雾中的大猩猩》一书，并在其中讲述了她的经历。她于1967年建立了卡里索凯研究中心，通过打击偷猎者积极保护这些动物。她在1985年被暗杀。尽管多亏了弗西，大猩猩的种群数量已经稳定下来，但它们仍然处于灭绝的危险之中。

人类的最强亲戚

出乎意料的是，大猩猩是唯一没有通过盖洛普镜像测试的猿类，所以一些研究人员最初认为它们没有自我意识。但他们没有考虑到，对大猩猩来说，直视对方的眼睛是一个挑战。在2001年的另一项研究中，日本人井上和木村发现了它们在镜像前认出自己的迹象，例如触摸通常不可见的身体部位。

英国伯明翰大学、德国图宾根大学和英国圣安德鲁斯大学的研究人员在最近进行的一项研究中发现，大猩猩有能力在进食前自发学习清洁食物。该实验是在德国莱比锡动物园沃尔夫冈·科勒灵长类动物研究中心的大猩猩身上进行的，这些大猩猩被喂食了沾有沙子的和干净的水果。猩猩们开始自发地用不同的技术清洗脏苹果。

可可是一只雌性大猩猩，出生于美国旧金山动物园，得益于美国学者弗朗辛·帕特森的工作，可可学会了用手语表达自己的意图，当它掌握的1000个词汇不足以进行表达时，它还能够创造新词。可可因一段视频而出名，在该视频中，她看起来很伤心，似乎在为它多年前认识的美国演员罗宾·威廉姆斯的去世而哭泣。

研究

食物清洁

莱比锡动物园的大猩猩在吃之前只清洗脏苹果，将其与干净的苹果区分开来，并使用不同的技术来进行清洗。

	装着干净苹果的篮子	装着脏苹果的篮子
第一步	—	清洁
第二步	食用	食用

特征

智慧行为

自我意识。虽然大猩猩通常不能通过镜像测试，但它们确实会观察身体的其他部位。

心智理论。大猩猩可以学习符号语言，这意味着它们有抽象思维。

工具的使用。在野外，大猩猩可制作用于搅拌食物的木勺和木棍。

交流。根据想要表达的内容，大猩猩用不同的声音，特别是能用手势来和婴儿进行交流。

恒河猴

恒河猴，又称普通猕猴，是一种体形中等的棕色灵长类动物，臀部和脸部呈粉红色，还有一条有助于保持平衡的长尾巴。其头上有短毛，这使它的表达能力更突出。它的发源地是亚洲，但在美国也可以被找到，它是被引入的，已经适应佛罗里达州的气候。它能够生活在针叶林、热带丛林，甚至城市地区，例如在印度，猕猴是一种神圣的动物。

恒河猴在科学研究中一直是非常重要的，因为它具有与人类相似的生理特征。

猴群由20只至上百只猴组成，雌性成员数量较多。它们是树栖和陆栖动物，白天和晚上都很活跃。恒河猴以其强大的游泳能力脱颖而出；几天之内，年幼的猴就能跳入水中，从一个岛屿穿越到另一个岛屿。这些猴是不具有攻击性的动物，同一猴群成员之间的争斗并不常见；相反，常见的是成员互相梳洗毛发，寻找其毛中的小昆虫。至于食物，它们是杂食性动物和机会主义者，其食物会根据生活地区的可用资源而变化。恒河猴很容易圈养繁殖，这使其成为世界各地实验室中使用最多的动物之一。其基因组于2007年4月12日被完全破译，与人类基因组有97.5%的相同之处。

概况

学名：
猕猴（*Macaca mulatta*）

分类：
灵长目猴科

分布范围：
猕猴分布于亚洲（印度、泰国、尼泊尔、越南、阿富汗、中国南部）和北美洲的美国（被引入佛罗里达州）。

食物：
猕猴是机会主义的杂食动物，其食物在很大程度上取决于它生活的地方。通常，它食用水果、草、根茎、栽培植物、种子、昆虫和两栖动物等小型动物。

声音：
猕猴会发出不同的声音和细小的尖叫声。

在猕猴血液中发现的Rh血型系统，这使识别不同的血型成为可能，并有助于开发脊髓灰质炎疫苗及研究干细胞。猕猴是美国心理学家哈利·哈洛在20世纪50年代进行的一项著名的依恋实验的主角；美国国家航空航天局（NASA）在1948～1961年将两只猕猴送入太空，苏联太空计划在1997年也做了同样的实验。2000年1月，第一只克隆的灵长类动物——泰拉诞生了，2018年另外两只克隆猴中中和华华也诞生了。

与人类联系紧密的猴子

美国威斯康星大学麦迪逊分校的教授路易斯·波普林进行了一项实验，根据他的研究，在这项实验中证实了：恒河猴能在镜子中认出自己，并作出“只有具有自我意识的动物才能作出的动作”。这一切几乎都是偶然开始的，当时他们打算研究恒河猴的注意力缺陷障碍；然后，他的技术人员之一阿比盖尔·拉贾，发现其中一只动物在实验室的一面小镜子中认出了自己。这让人非常惊讶，因为这与当时的科学文献相矛盾，当时的科学文献认为恒河猴没有能力在镜子中认出自己。他们通过在恒河猴的身体上做标记来进行了测试，而这些恒河猴则试图通过观察自己的镜像来消除这些标记；此外，它们还查看了自己身体上通常看不到的那些部位。

美国宾夕法尼亚州阿尔布莱特学院的心理学教授贾斯汀·库奇曼，是另一项以恒河猴为研究对象的实施者。他进行了元认知测试，并得出结论：恒河猴清楚它们自己知道什么，不知道什么。为此，人类和恒河猴用控制杆移动电脑上的光标，猴子能够识别出它们自己触发的动作，以及其他人执行的动作。

美国哈佛医学院的神经生物学教授玛格丽特·利文斯通证明了，当经过长期训练后，这些猴子能够将数字相加并进行简单的计算，以此来评估哪些数更大，因为选择较大的数字意味着它们获得的奖励也更大。

恒河猴具有自我意识，在认出自己的影像时通过了镜像测试。

恒河猴，
猕猴

研究

计算和经过训练的选择
恒河猴在经过训练后具有决策能力，因为它们会将最佳选择与最佳奖励联系起来。

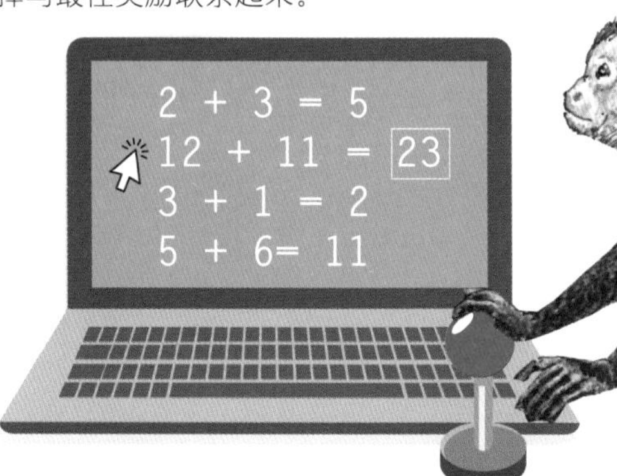

特征

智慧行为

自我意识。恒河猴能够在镜子中认出自己，并对自己的行为有意识。

问题的解决。恒河猴能够解决问题并进行数学计算。

适应性。恒河猴可以毫无问题地适应不同类型的栖息地。

概况

学名：
黑猩猩（*Pan troglodytes*）

分类：
灵长目人科

分布范围：
黑猩猩分布在塞拉利昂、几内亚和其他非洲西海岸，直至维多利亚湖和坦噶尼喀湖。

饮食：
黑猩猩作为杂食动物，主要以成熟的水果、茎、树皮、芽、叶、种子和树脂为食。但它们也猎杀小动物和其他猴子。

声音：
黑猩猩有超过15种有不同含义的叫声，目前人们仅识别了其中一些叫声的含义。

华秀是一只在圈养中长大的雌性黑猩猩，但生活在人类家庭环境中，它是第一个学会用美国手语进行交流的非人类生物，并因此而闻名于世。例如，这只黑猩猩将天鹅定义为“水鸟”，它学会了350多个单词，并把一些单词教给了她的养子卢利斯。当华秀看到自己在镜中的影像，被问到它在看什么时，它回答：“我，华秀。”这表明至少有一定程度的自我意识。使用类似的方法，许多其他黑猩猩后来学会了约150个或更多的符号，并能够将它们组合起来，形成复杂的信息。

黑猩猩和倭黑猩猩

在150万～200万年前，黑猩猩和倭黑猩猩，也被称为侏儒黑猩猩，它们经历了从共同祖先演化的物种形成过程（两个近亲物种出现差异，最终分离成不同的物种），并发展出一些明显的身体和行为差异。

尽管黑猩猩和倭黑猩猩之间的解剖学差异很小，但它们在行为上保持着很大的差别。

在野外，黑猩猩和倭黑猩猩被刚果河这个屏障隔开，前者生活在北岸，而倭黑猩猩则栖息在南岸，特别是在刚果民主共和国茂密的丛林中；由于这个国家60多年来一直处于战争状态，倭黑猩猩是在1933年被偶然发现的，当时一位人类学家意识到他发现的头骨不属于年轻的黑猩猩，而是一种完全不同的物种。

从身体上看，倭黑猩猩的头部和犬齿都比黑猩猩小，而且身形更为修长苗条。它的嘴唇呈粉红色，色素沉着消失了，与其黑色的脸形成了鲜明的对比。它们的长发似乎从中间分开，一直覆盖到耳朵，腿和躯干比黑猩猩更长，但它们的手臂更短。此外，雌性的生殖器向前旋转，这有利于面对面交配，因为倭黑猩猩以其不以生殖为目的的性行为而闻名，这种行为可以有效缓解紧张情绪，促进合作及进行友好接触，还有助于分享食物。

关于倭黑猩猩的母系社会，人类已经知道很多，在倭黑猩猩中母子之间的纽带是终生维持的。

这种强烈的性欲似乎是维系它们社会的关键因素之一。由于不知道后代可能来自哪只雄性，它们消除了为自己的基因与其他雄性竞争者的基因的生存斗争（杀婴的主要原因，在黑猩猩中很常见），这样就有更多的后代存活下来，并得到整个群体的照顾，这无疑具有进化优势。

根据研究人员的说法，成年倭黑猩猩与幼年黑猩猩长相相同，但它们就像一群孩子，之间有着友谊和信任。它们在身体和心理上也需要更长的时间才能成熟，掌握技能的速度也很慢。从认知的角度来看，倭黑猩猩在社会协调、凝视追踪和与食物相关的合作方面表现更好，而黑猩猩则擅长需要觅食技能的任务。

从社会关系的角度看，黑猩猩基本都生活在大型群体中，由雄性统治，并具有严格的社会等级。它们嫉妒心强，野心勃勃，这导致群体内部产生了联盟、对抗、战略和权术斗争，这些都需要高超的社交技巧。而在倭黑猩猩中，是雌性领导、保证和平并驯服雄性的攻击性。不同群体之间的会面总是和平的；通常情况下，每一群体都会撤回到自己的领地，但有时这些群体也会混在一起，玩耍和嬉戏。也许这是因为倭黑猩猩（不与大猩猩共享栖息地）可以获得丰富的食物，避免了其他猿类所遭受的无情竞争。人们还认为这与大脑有关，因为倭黑猩猩在感知他人痛苦的区域中比黑猩猩拥有更多的灰质。

概况

学名：

倭黑猩猩（*Pan paniscus*）

分类：

灵长目人科

分布范围：

倭黑猩猩仅栖息在刚果民主共和国。

食物：

倭黑猩猩以蔬菜、茎、根、嫩叶为食，偶尔它们可能猎杀一些动物。

声音：

倭黑猩猩可发出叽叽喳喳、咆哮声，还可以发出一种口哨声和其他让人联想到人类婴儿发出的声音。

坎兹是人工饲养倭黑猩猩，在美国佐治亚州的一个研究中心长大。从一出生开始，就与人类保持着非常密切的接触，并学会了使用触摸屏，通过触摸屏它掌握了约300个词的词汇量，它能够将这些单词组合起来，以发表评论或索要它所需要的东西。此外，它还能理解超过1000个英语单词和完整的句子。研究人员观察到了这只倭黑猩猩与它的妹妹交流。在实验中，坎兹被喂养在一个单独的房间里，研究者向它展示了一些酸奶。美国灵长类动物学家休·萨瓦戈·鲁姆博夫说：“它开始用一种未知的语言说出‘酸奶’这个词，而它的妹妹虽然看不到食物，但也指向了代指酸奶含义的符号。”

尽管黑猩猩表现出利他主义和高度的合作及社会化，但它们可能非常具有攻击性，会在群体间发生致命的攻击。根据一些作者的说法，这是由于对食物资源或配偶的竞争引起的。

倭黑猩猩的特点是不那么具有强烈的攻击性，它们自愿与其同类分享食物，也包括不同类群的动物。有人提出假设，这是“自我驯化”过程的结果，是对具有攻击性的个体反向选择的反馈。

两种灵长类动物都具有雄性的恋家性（留在其出生的群体中）和雌性的分散性。但是，虽然新来的雌性黑猩猩经常寻求成年雄性黑猩猩的保护，以对抗常驻的雌性黑猩猩，但雌性倭黑猩猩会与常驻的雌性结盟。工具的使用在黑猩猩中很常见；相反，倭黑猩猩使用工具的情况要少得多，而且在任何情况下都不会用工具觅食。黑猩猩也比倭黑猩猩更有耐心，它们愿意为获取更大的报酬而等待。这两种物种都能够学习聋哑人的手语。如果它们遇到生存需要时，它们则会猎杀和食用其他动物，包括其他灵长类动物。

黑猩猩和倭黑猩猩都濒临灭绝，主要是由于非法狩猎，非法狩猎者将它们作为肉类或宠物出售，另外是因为森林砍伐。

黑猩猩

研究

有逻辑地行动

黑猩猩能感知到每个水果在哪里。

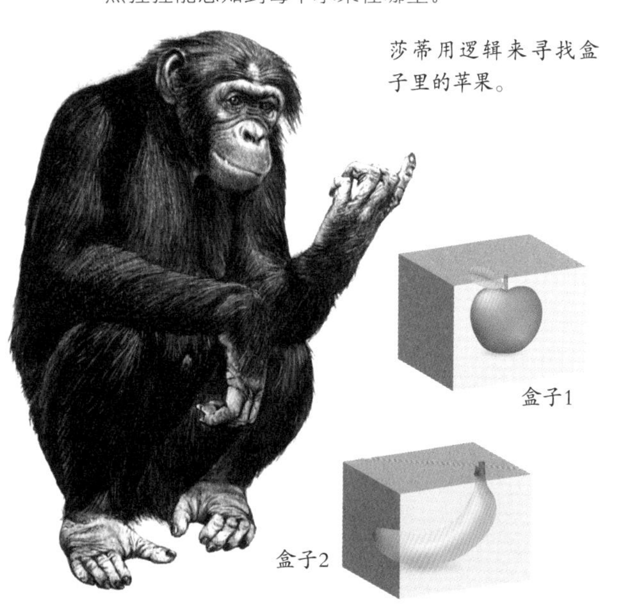

特征

智慧行为

自我意识。黑猩猩能在镜子中认出自己，利用镜子来检查自己看不到的嘴巴或身体部位。

心智理论。黑猩猩通过拥有的复杂的社会等级，及了解其群体中其他成员的意图，它们甚至知道可以将谁当作盟友，或者谁对它们的敌人更友好。

元工具的使用。20世纪60年代，英国灵长类动物学家珍妮·古道尔向世界展示了黑猩猩使用工具的能力，但实际上它们已经这样做了数千年。

记忆和学习。黑猩猩拥有惊人的短期影像记忆，据一些研究人员的说法，它们还拥有自传体记忆。

问题的解决。黑猩猩展示了反思能力，并了解它们面前的挑战是如何运作的。

交流。黑猩猩有复杂多样的交流方式。在特定的群体中它们拥有某些独特的声音和手势，这使它们与同一地区的其他群体区别开来……

相似又非常不同

经过一个多世纪对黑猩猩如何在镜子中认出自己的观察后，1970年，美国心理学家戈登·盖洛普对四只猩猩个体进行了正式测试。他偷偷地在它们的额头上涂抹上颜料，当它们在镜子里看到自己的镜像时，它们会在自己的皮肤上触摸标记，试图将其去除。对研究人员来说，这是“亚人类自我概念的第一次实验性证明”。

格雷戈里·韦斯特加德和查尔斯·W. 海厄特对九只倭黑猩猩进行了镜像测试，他们交替地将镜子的反射面和不透明面呈现给这些倭黑猩猩。这些倭黑猩猩对观察其反射的影像表现出了兴趣。它们中的四只甚至用镜子来检查对于它们来说其身体上原本看不到的部位，这表明它们有自我识别能力。

以色列海法大学的伊泰·罗夫曼教授曾观察到两个圈养倭黑猩猩种群是如何使用器具获取食物的。首先，他向倭黑猩猩展示了食物是被埋在一些石头下面的，在石头旁边放置了鹿角和木棍等天然材料，以供它们的使用。“这些器具被有效地用作了锄头、匕首、撬棍和铲子”，罗夫曼说。研究员赞纳·克莱在金沙萨的一个保护区内观察到一只雌性倭黑猩猩——利萨拉，它举起了一块七千克重的大石头并放在背上。它和它的孩子一起运输这块大石头走了几米。它的目的地是一块大石板，它将这块大石板作为一个底座，把棕榈果放在上面，用它运输的大石头像锤子一样把棕榈果砸开。也就是说利萨拉除了使用工具外，在它脑子里有了一个计划。这是倭黑猩猩在野外使用工具的少数证明之一；相反，黑猩猩却以其使用工具的技能而闻名。

倭黑猩猩和黑猩猩在使用自然工具来获取利益方面，表现出了强大的能力。

美国心理学家大卫和安·普雷马克研究了一只名叫莎蒂的雌性黑猩猩，他们在这只黑猩猩面前摆了两个盒子，其中一个里面是苹果，另一个里面是香蕉。过了一会儿，这只动物看到其中一位科学家在吃一根香蕉，然后这位科学家会走开，让它单独和这些盒子在一起。每次，莎蒂都会直接去往苹果所在的盒子。对于研究人员来说，这得出了两个结论：一个是，实验者已经从盒子里拿出了香蕉（尽管它没有看到实验人员取走香蕉），另一个是，这意味着另一个盒子里还装有苹果。根据普雷马克的说法，黑猩猩通过寻找逻辑和填补空白来查明事件之间的发生顺序。

研究

工具的使用

圈养的倭黑猩猩使用木棍觅食。

特征

智慧行为

自我意识。倭黑猩猩能在镜子中认出自己，并意识到自己是一个独立的个体。

心智理论。倭黑猩猩知道他人的意图，并能推断出他们的行为。

工具的使用。倭黑猩猩对工具的使用，特别是在人工饲养的倭黑猩猩中已经得到了证实。

记忆和学习。倭黑猩猩拥有非凡的短期记忆，甚至比人类的记忆力还要好。

问题的解决。倭黑猩猩会解决具备一定复杂度的问题，且在行动前似乎会制订计划并权衡情况。

交流。除了声音（人们甚至认为倭黑猩猩会“谈论”找到的食物），倭黑猩猩像所有的类人猿一样，使用手势进行交流。而且它们能够表达一系列的情绪状态，不受环境的影响。

概况

学名：
猩猩属
苏门答腊猩猩（*Pongo abelii*）
婆罗洲猩猩（*Pongo pygmaeus*）

分类：
灵长目人科

分布范围：
猩猩的种群数量正在以惊人的速度减少，目前在马来西亚和印度尼西亚发现了少量种群。

食物：
猩猩是杂食动物。它们吃各种各样的食物，特别是成熟的水果，但也吃小鸟、蛋或鱼。

声音：
虽然猩猩非常独居，但会发出各种吼叫声和尖叫声。

以前所未有的动物正义姿态，在布宜诺斯艾利斯动物园关了20年的红毛猩猩——桑德拉，在2015年被阿根廷司法系统视为“非人类”和“权利主体”，这意味着它获得了自由并被转移到了巴西索罗加巴附近的一个保护区。

红毛猩猩

红毛猩猩这个词源自马来语*Orang Hutan*，含义是“森林里的人”。它是一种相当孤独、内向、安静和有耐心的动物。从基因上看，它是类人猿中与我们最不同的，而且似乎也是最聪明的。它几乎一生都在树梢上度过，其橙色的毛发有助于它用干的树干来伪装自己。这些特点使得在自然环境中研究红毛猩猩非常困难。

它们正处于严重濒危中，主要原因是人类为种植作物而砍伐森林。

成年雄性独自生活，而雌性则与幼崽一起生活数年。当它们聚集在一起，周围具有丰富的食物时，它们通常不会表现出攻击性，但有一定的等级制度，脸颊上有更多老茧的雄性红毛猩猩占统治地位。日落前，它们会花半个小时在树梢上用茎、树枝和交错的树叶搭建自己的巢；然后在安顿下来休息前，会在树巢上面保持平衡，以检测其坚固性。红毛猩猩还把叶子当作帽子来避雨，当作餐巾纸或当作手套来拿起带刺的水果。

白天，它们在丛林中漫游，寻找成熟的水果，并了解一些药用植物的特性。据观察，它们咀嚼一种具有抗炎特性的灌木，直到它变成糊状，然后涂抹在疼痛的部位。由于无防备性（几乎没有任何天敌）和对人类的好奇心，在19世纪初，许多红毛猩猩被捕获，并被带到欧洲作为宠物。在漫长的船程中，水手们对于它们会打和解最复杂的结，及爬上桅杆的能力表示赞叹。此外，他们还发现红毛猩猩对惩罚极其敏感，而且像孩子一样，在受挫时就会大发脾气。

人类聪明的亲戚

2006年，美国密歇根州艾伦代尔的大峡谷州立大学的研究者们公布了一项研究，在这项研究中研究者们对25种猿类动物进行了智力测试，结果证明红毛猩猩是最聪明的，因为它们展示了思考和解决问题的能力。其中一位科学家詹姆斯·李说："它们能够比黑猩猩完成复杂得多的任务，例如，为自己睡觉的巢穴盖防水屋顶，或者制作雨帽；成年猩猩教小猩猩制作工具和获取食物"。李说，它们智力的关键作用是树栖的生活方式，保护自己不受大多数捕食者的侵害，能够过上与人类相似的长期定居生活。

根据加拿大安大略省约克大学教授安妮·罗森进行的另一项研究，这些动物使用手势语来进行交流。其中一只被研究的红毛猩猩基坎的脚部受伤，它受到一名饲养员的帮助，这名饲养员拿着一块小石头，从无花果叶的茎中提取乳浆来治疗伤口。一周后，基坎引起了其救援人员的注意，它拿着一片树叶，表演了它之前所接受的治疗动作。"这表明它对事件如何发生的理解，这是非常复杂的"，罗森解释说。

红毛猩猩，
猩猩属。

红毛猩猩的身高可达1.6米，体重可达120千克。

研究

通过模仿进行交流

红毛猩猩对不同的问题给出了聪明的反应，存在非常有趣的因果关系，在动物世界中几乎是独一无二的。

行为	人为干预	动物反应
受伤的红毛猩猩	用乳浆来治疗	提供乳浆给饲养员
雨	—	保护巢穴和制作叶子帽
藏起来的食物	—	寻找工具

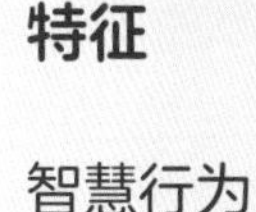

特征

智慧行为

自我意识。红毛猩猩不仅能在镜子中认出自己，而且它们还喜欢打扮自己，戴上树叶当作帽子，并观察自己的镜像。

心智理论。红毛猩猩能够发现他人的想法和意图，所以它们可以操控并制造谎言。

元工具的使用。红毛猩猩可能是这方面最娴熟的动物。因为在其自然环境中，这种动物会筑巢、制作钩子去摘水果，甚至会制作鱼叉去捕鱼。

记忆。红毛猩猩拥有很强的记忆力。

问题的解决。红毛猩猩表现出了反思能力。

交流。红毛猩猩比人类以前认为的更复杂，它们会使用手势语。

概况

学名：
喜鹊（*Pica pica*）

分类：
雀形目鸦科

分布范围：
喜鹊广泛分布于欧洲、北非和亚洲。

食物：
尽管昆虫是喜鹊的主要食物，但喜鹊是杂食性鸟类，特别是在春季和夏季。它们偶尔会食用无脊椎动物、小型爬行动物、蛋、鸟类和哺乳动物、所有类型的种子，尤其是谷物、水果的种子，而且它们连腐肉也不会浪费。

歌声：
喜鹊已知有15种变体叫声，这些叫声在不同的场景中使用（繁殖、发现食物、发出警报……）。最常用的声音是刺耳的、重复的咔嗒声。

过去，由于它对农作物和狩猎造成的破坏，以及被认为偷盗闪亮物品的坏名声，它受到了广泛迫害。然而，英国埃克塞特大学最近的研究似乎推翻了我们长久以来确信的认知，研究证明喜鹊不是被闪亮的物体吸引了，而是被吓到了。

喜鹊

喜鹊，属于鸦科，是很独特的：黑色的头部、颈部、背部和胸部，白色的腹部，黑白相间的翅膀和黑色的尾巴，翅膀上的黑色，尤其是尾巴上的黑色有金属绿和金属蓝反射的彩虹色。与身体的其他部位相比，它们的尾巴很长。

喜鹊是最聪明的鸟类之一，不仅因为其交流能力或食物策略，还因为如果教它们，它们可以像鹦鹉一样模仿人的声音。

该物种**适应性极强**，习惯与人类共处，几乎遍布整个北半球，从非洲马格里布地区到中亚。

喜鹊食性较杂。从种子和水果到蛋、雏鸟和腐肉。事实上，如果它们发现一只体形巨大的死亡的动物，它们会聚集在一起，开始嘈杂地叽叽喳喳，目的是吸引乌鸦和秃鹫的注意，以便它们可以用其强壮的喙撕开尸体的硬皮。一旦这些大型食腐动物吃饱了，它们就会清理残骸。在路边看到它们寻找被撞倒的动物也是很常见的。

喜鹊是单配偶制，通常终身相伴……但离婚也并不少见！在繁殖季节之外，它们是社会性动物，通常在或多或少的大群中进食或睡觉。

喜鹊，聪明的非哺乳动物

真正引起科学家们注意的是，这种鸟是通过镜像测试的非哺乳动物，这意味着这种动物可能具有自我意识。在来自法兰克福歌德大学的心理学家赫尔穆特·普莱尔领导的一项研究中，五只喜鹊身体的不同盲点处，即它们看不到的地方，被标记了几个黄点。然后，把镜子放在它们面前。它们做的第一件事就是围着镜子转，并观察镜子，用爪子或喙触摸镜子；紧接着，它们开始在镜子面前做动作，靠近又后退，似乎在验证它们的形象是否与镜中的形象一致。之后，它们又开始检查自己，直到发现了这个标记……它们不停地用喙或爪子触碰标记，直到标记被去掉。

最初，在没有预料到这个结果的情况下，选择喜鹊进行研究有几个原因。它们是储存食物、并与同类竞争食物的鸦科动物，所以它们必须把食物藏起来并记住藏在了哪里。因此，它们生活在有利于社会智慧进化的生态环境中。此外，它们好奇心强，容易接受新状况，这使得它们成为需要在新的、令人茫然的环境进行自愿互动实验的理想对象。而它们也没有让人失望。

喜鹊的翼展可达60厘米。

喜鹊

这些鸟类与食物的关系使它们产生出复杂的行为。

研究

盖洛普镜像测试

喜鹊会尝试去除斑点，在展示给它们的每一种情况下都会作出不同的反应。

腿	尾巴	头
	镜像反应	
用喙或另一条腿去除斑点	用喙去除斑点	用腿去除斑点

特征

智慧行为

自我意识。喜鹊通过能够在镜像中认出自己来证明这一点。

记忆和空间认知。喜鹊可以在事件发生的几天后找到它们所藏的食物。

社会智慧。已经过验证，因为喜鹊通常生活在有等级组织的鸟群中。

概况

学名：
瓶鼻海豚（*Tursiops truncatus*）

分类：
鲸目海豚科

分布范围：
瓶鼻海豚分布于热带和温带的沿海和大陆架水域以及大多数封闭和半封闭海域，如黑海和地中海；也经常出现在河口、湖泊和浅水湾地带。

食物：
瓶鼻海豚以鱼、鱿鱼、虾、甲壳类动物为食。

声音：
瓶鼻海豚可发出超过30种不同的口哨声。

海豚具有很强的同感心（**能体会其他个体感受的能力，编者注**），并被此驱使去帮助幼崽和生病的同伴……也许还有人类。海豚作为水手或潜水员的救星的故事不胜枚举。2000年，“撑筏男孩”埃利安·冈萨雷斯在两天内离开了古巴。埃利安称，每次当他体力不支，认为自己再也撑不住的时候，海豚就会推他，让他重新回到轮胎上。2007年，冲浪者托德·恩德里斯被一条大白鲨咬伤，一群海豚立即在他旁边围成一圈，保护着他，直到他到达岸边。

宽吻海豚

宽吻海豚又称瓶鼻海豚，是著名的鲸目动物之一。其好奇和善于交际的性格，加上惊人的智慧，使它们成为被捕获最多的物种之一，捕猎到的海豚会被带到海豚馆，进行行为研究，甚至会让它们成为电影明星。

经观察，人类发现海豚具有同感心。有一次当一条海豚被爆炸的冲击波击晕，侧身漂浮时，两个同伴从底部游上来，把它的头放在自己的尾鳍下面，这样它就可以继续通过喷气孔呼吸。

像所有的海洋哺乳动物一样，海豚每隔5～8分钟就必须浮出水面，通过喷气孔（位于头顶上的孔）呼吸。因此，当它们睡觉时，一半的大脑会保持清醒，并控制着基本功能，例如吸氧。它们的大脑半球会在清醒和休息之间交替。海豚通过回声定位来确定自己的方向，回声定位包括发出经由水传递的声音，在声音遇到固体反弹时，可在其大脑中投射出表象（心理图像）。它们使用口哨声来进行交流，每只海豚都有自己的口哨声，就像它们的名字一样。如果它们被呼唤，会作出回应，也会用口哨声向其他海豚介绍自己。幼体会学习组织哨声序列来“说话”。海豚是一种喜欢玩耍的动物，通常聚集成小群，并且成员经常变换；甚至几个小群偶尔会聚在一起形成一个更大的群体，成员可以达到数百个个体。它们之间存在友谊，就像人类一样：与某些同类相处得比其他动物更好，并且在多年不见彼此的情况下，它们仍然会记得自己的朋友。此外，它们也具有与类人猿一样的沟通能力和同感心。

海豚的主要食物是鱼类，它们使用惊人的策略来捕猎。策略之一是用鳍或尾巴撞击沙子产生水下的沙龙卷风以寻找鱼类，当沙龙卷风被吸引到一个低气压的地方，比如洞口时就会停止。它们还会通过打水漂来将鱼带到非常浅的区域，海豚在那里非常灵活，但这些鱼并不自如，所以很容易成为猎物。

堪比人类的智慧

生活在澳大利亚鲨鱼湾的海豚被发现使用工具：当它们在海床上寻找猎物时，会在嘴上套上海绵来保护自己，就像园丁戴手套一样。这种行为似乎已经由母亲传递给孩子超过了100年的时间。这种传播的另一个例子是一只获救的海豚，它在澳大利亚的一个海豚馆里花了三周的时间康复。在那段时间里，它被教导用尾巴游泳，当它恢复自由之后，科学家们惊讶地发现野生海豚也学会了同样的运动方式。

宽吻海豚被认为是世界上聪明的动物之一，仅次于人类。它不仅通过了镜像测试（它最喜欢的是看它的喷气孔），而且美国纽约大学动物行为与比较心理学教授戴安娜·瑞斯还看到海豚在转圈时认真地观察自己的镜像，就像芭蕾舞演员专注于他们的动作一样。在20世纪70年代中期，海洋生物学家路易斯·赫曼的团队发现，当向一只名叫阿克阿卡迈的雌性海豚展示一个代表球的任意符号和紧跟该符号的另一个代表问题的符号时，这只海豚作出了正确的反应。如果没有球，阿克阿卡迈会按下“否”杆。这表明他理解球的概念。进一步的研究证实，海豚可以理解手语句子中的句法。

研究

概念的理解

赫曼的实验表明，海豚会将物体与文字联系起来，这种概念性的理解似乎曾是人类独有的。

答案 \ 视觉展示	（球）	??
“是”杆	按下杆	—
“否”杆	—	按下杆

特征

智慧行为

自我意识和心智理论。宽吻海豚通过了镜像测试并陶醉在自己的镜像中，理解概念和短语，具有同感心。

工具的使用。宽吻海豚将海绵套在嘴上以避免受伤。

学习。海豚母亲教它的孩子捕猎和交流。它们学得很快。

记忆。宽吻海豚拥有非常好的记忆力，可以记住它们的朋友长达30年。

沟通。宽吻海豚有一种复杂的哨声语言，并互相称呼对方的名字。

适应性。宽吻海豚对新环境的适应能力很强。

其他示例

自我意识被定义为对自身的意识，个体对自己的存在、状态和行为的认识。感官意识使人类能够体验此时此地的世界，在各种动物物种中都存在感官意识。

但是，自我意识在没有语言能力的物种中更难表现出来，它们无法回答或表达它们是否有表象，这就是镜像测试的设计原因。

心智理论被定义为将知识、欲望、意图和信念归因于他人的能力。自我意识是心智理论的第一步，因为没有自我概念，心智理论就没有意义。

尽管看起来不像真的，但许多其他动物都拥有这种自我的想法，其中一些动物已经发展出一种心智理论，它们会利用这种心智理论欺骗或操纵其他动物以获取利益。这里我们对这些智慧动物的图集进行展示。

岩鸽
原鸽（*Columba livia*）
鸽形目
分布：欧洲、北非、亚洲和北美洲

斑鬣狗
（*Crocuta crocuta*）
食肉目
分布：撒哈拉以南的非洲

山魈
（*Mandrillus sphinx*）
灵长目简鼻亚目猴科
分布：喀麦隆、赤道几内亚和加蓬

白颈白眉猴
（*Cercocebus atys lunulatus*）
灵长目简鼻亚目猴科
分布：塞内加尔和加纳之间的赤道地区

棉顶狨猴
绒顶柽柳猴（*Saguinus oedipus*）
灵长目简鼻亚目狨科
分布：哥伦比亚北部

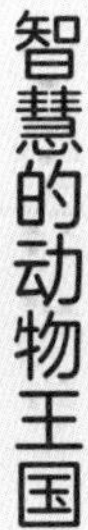

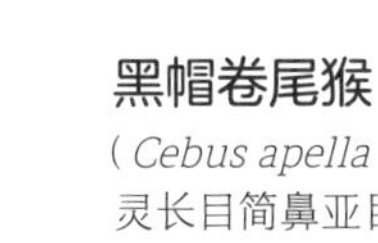

黑帽卷尾猴

（*Cebus apella*）
灵长目简鼻亚目卷尾猴科
分布：巴西亚马孙地区

非洲草原象

非洲象（*Loxodonta africana*）
长鼻目象科
分布：非洲大草原

青腹绿猴

（*Chlorocebus pygerythrus*）
灵长目简鼻亚目猴科
分布：撒哈拉以南非洲、加勒比地区

黑色逆戟鲸

伪虎鲸（*Pseudorca crassidens*）
鲸目
分布：大洋的热带水域

斑鸻

斑鸻属（*Pluvialis spp.*）
鸻形目
分布：欧洲、亚洲和北美洲

虎鲸

（*Orcinus orca*）
鲸目
分布：温带水域至极地边缘地区

工具的使用和问题的解决

尽管如今的人类会使用多种工具，但我们的原始祖先只使用很少的一些基本的工具，如石头或木棍。这种操纵能力成就了现在的人类，但这并不是人类所独有的财富。观察许多动物的技能也是很奇妙的体验。

直到最近，人们还认为工具的使用是我们区别于动物的特征之一，因为这些特征对人类的进化是至关重要的。石器时代的特点是人类学习制造狩猎工具和相关技术。后来，这些工具不断演变，根据不同时期的需要出现了新的工具。

根据西班牙古人类学家胡安·路易斯·阿苏阿加的说法，器具的制造及其社会化分工产生了文化；如果没有操作的智慧，也就是说，没有制造工具时大脑和手之间的联系，也不可能有语言或复杂的符号行为。

阿苏阿加指出，工具制造需要一连串的心理和身体动作，直到获得所需要的形状；该过程以所制造的物品的使用而结束。首先，人类必须确定开展特定活动所需的一套工具。然后，他们必须在其周围的自然环境中获取原材料。最后，在大多数情况下，他们会转移到工具制造区或营地，接着按照预先确定的方案，开始建模。

工具的使用完全改变了人类祖先对大自然的掌控。他们能够食用新的食物，并开发不同的领地。但这种行为并不是人类独有的，也不是人类的特征。1960年，英国人类学家珍妮·古道尔宣布黑猩猩能够使用小树枝来取食白蚁，这个发现震惊了世界。当时，英国考古学家、人类学家和作家路易斯·利基说："现在我们将不得不重新定义工具的概念，重新定义人类的概念，或者接受黑猩猩也是人类。"

在许多使用工具生存的动物中，水獭将其周围环境中的元素用于复杂的用途，如作为玩具或武器。

古道尔的发现使人类的工具使用能力显得不那么重要了，唯一的改变是人类已经意识到了这一点，因为早在19世纪，就已经有黑猩猩和猕猴会使用石头和岩石打开食物的记录。而这仅仅是个开始。野生黑猩猩不仅会使用和制造工具，而且会相互学习，这使得它们的工具代代相传，不断完善。它们每个群体使用约20种工具，这些工具因文化和生态环境而异。

年幼的黑猩猩会向成年黑猩猩学习敲打坚果，起初它们漫无目的地敲打。只有在三岁左右，它们才能学会最基本的协调能力，在此之前不会获得任何收益，偶尔，它们会得到一些敲碎的坚果壳。

它们还用削尖的木棍捕猎婴猴（当时人们认为狩猎工具是人类独有的），刺破棕榈树的树干以获取树液和纤维；它们咀嚼新鲜的叶子制成一种海绵，用来吸收树洞中的水分，当想要获得蜂蜜时，它们会依次使用多达五种工具（木槌、打孔器、扩大器和刮刀），这需要对将要进行的步骤进行预见和规划，就像人类祖先那样。

对于这些类人猿来说，通过工具获取食物给它们带来的能量是它们投入的九倍，而且它们节省了80%的时间。它们的生存很大程度上依靠工具。

但是，怎么来理解工具？这没有一致的定义。灵长类动物学家J. J. 麦肯纳在1982年将工具定义为："为了方便获取资源或实现目标，个体所使用的无生命物体（茎、棍、石头）。"作家、动物行为学家和保护主义者卡尔·萨非纳则说，工具是"不属于你身体的一部分，你用来实现目标的东西"，而灵长类动物学家弗朗斯·德瓦尔认为工具是"为更有效地改变另一个物体的形状、位置或状况，在外部使用在环境中可利用的物体"。意向性是非常重要的，因为工具的携带和改变都是根据脑海中的目标而进行的。

人们以前一直认为大猩猩不会使用工具，直到有人看到一群大猩猩用棍子测量沼泽地的深度，或用木头搭桥。它们还能够拆除偷猎者的陷阱。

在人工饲养的情况下，动作最娴熟的是红毛猩猩，它们能系鞋带，甚至能像美国魔术师哈里·胡迪尼一样，日复一日地以极大的耐心拧松笼子的螺丝钉，而不被饲养员发现。在野外，红毛猩猩会用树枝从蜂巢中取出蜂蜜，用小棍子分离覆盖有刺毛的种子。

卷尾猴是天生的操纵者。它们倾向于粉碎所有落入其手中的东西。它们用石头敲碎核桃和牡蛎，此外，还用其他石头敲打岩石，以得到几乎与人类祖先使用的工具相同的碎石片，但它们不使用这些碎石片。人们认为它们打碎石头是为了舔食石英粉。

这些动物在使用工具方面最引人注目的是其群体特征。这些实践来自个体的发现，通过模仿和学

正如我们稍后将看到的那样，绿鹭已经学会了使用诱饵来确保获得好的收获。当它把面包屑或昆虫扔进水中时，就会吸引鱼类，从而保证可以得到午餐。

没有手的事实并不妨碍大象使用它的长鼻子来操纵工具：它会用树枝驱赶昆虫，并向它遇到的任何危险扔石头。

习进行传播，并成为特定群体的特征。

贝蒂（Betty），一只来自新喀里多尼亚的乌鸦，它成了灵长类动物之外的第一只制造工具的动物，它甚至会用金属丝做成钩子来获取食物，这让世界感到震惊。在一个典型的实验中，食物漂浮在装有水的试管中，但水位太低而无法获得，乌鸦就投掷石块来抬高水位，而红毛猩猩和黑猩猩则不用工具就解决了这个问题，它们将水灌进嘴里，然后将水送入管中。在人类身上测试，只有58%的八岁儿童和8%的四岁儿童找到了解决方案。这些测试引发了灵长类动物和鸦科动物的崇拜者之间的友好竞争，灵长类动物和鸦科动物是使用最先进技术的群体，但在按部就班的任务执行中，乌鸦的表现优于猴子。

为了能够长大，蚁狮幼虫不得不使用一种生存技巧：向其猎物投掷微型石粒以获得食物。

但它们并不是唯一使用工具的动物。今天我们知道昆虫、鱼类、鸟类、爬行动物和哺乳动物，甚至章鱼，都使用简单的工具。蚁狮的幼虫向其猎物投掷微型石粒；射水鱼通过向其猎物射出水流来进行捕猎；圈养的丁格犬在其同伴的帮助下移动桌子，从而获得放置在高处的奖励；宽吻海豚用海洋海绵保护嘴巴；大象至少使用六种工具，其中大部分用于搔痒与驱赶苍蝇或虱子；鹭用诱饵来捕鱼，一些鳄鱼和凯门鳄也是如此，某种章鱼会携带并隐藏在椰子壳下伺机捕猎。

甚至有人观察到阿拉斯加的一只棕熊在布满藤壶的岩石上刮脸。

使用工具来获取食物并不是免费的。这涉及时间、精力和机会成本（如果在努力完成更困难的任务时忘记了更容易获取的食物）。因此，动物会倾向于使用工具，特别是在食物很少的时候，或者通过工具所获取的食物营养价值很高的时候。这种情况发生在加拉帕戈斯的拟䴕树雀身上，这种动物更喜欢在旱季用荆棘将幼虫从树沟中拉出，因为这个时候发现的地表猎物较少。相反，红毛猩猩使用棍子在昆虫最多的地方接近它们，即使其他资源很容易获取。

黑猩猩用一根棍子作为工具来获取它想要的东西，无论是食物，或是仅仅为了满足它的好奇心。

这种行为提出了一种可能性，即动物能够抽象地和从概念上表现出了解工具使用所涉及的物理特性和所用的力量。最简单的说法是，动物的思维基于物体的特征。但有迹象表明，除人类外，一些动物对其工具的功能有所了解，并且可能为获得未来的回报而在当前采取行动。动物认知问题可以追溯到20世纪初德国心理学家沃尔夫冈·苛勒的实验，在这些实验中给黑猩猩指派的任务是获得遥不可及的奖励。完全成型的解决方案快速出现，如堆叠箱子以攀爬或组合短棍来制造一个长的工具，这使得苛勒应用“视觉”一词作为盲目试错的替代机制。

对于这些表征能力的确切性质，以及动物在解决问题过程中如何与其他心理能力，如记忆力和注意力相互作用，人类知之甚少。根据认知进化论：“我们发现的每一种认知能力都会比我们最初认为的更古老、更广泛。”

丁格犬的智慧是这样的，这种动物能够移动一件家具来获取某物。它们还是幼犬时就学会了这些技能。

巴巴多斯牛雀

巴巴多斯牛雀是加勒比国家——巴巴多斯的特有鸟类，也可以说是巴巴多斯特有的“麻雀”，这也正是它在那里的称呼。它呈褐灰色，翅膀上有棕色的羽毛，雄性和雌性颜色和体形均相同，所以几乎无法一眼就区分出性别。

巴巴多斯牛雀

它是一种善于交际、大胆的鸟，喜欢新奇的事物。它有小贼的名声，因为它会进入房屋，偷取水果或面包。此外，岛上餐馆的露台也为它提供了新的食物来源：它会把糖包从桌子上拿到附近的树枝上，在不到30秒的时间内打开并吃掉。这些鸟也经常在日落时分出现在海滩上，食用游客吃剩的食物。

脸皮厚，胆子大

鸟类学专家路易斯·勒费弗尔、珍-尼古拉斯·奥迪特和西蒙·迪卡泰与加拿大麦吉尔大学合作，对这些鸟进行了研究，以了解生活在野外和城市地区的巴巴多斯牛雀在认知和行为方面的差异。为此，除了分析其血液外，他们还为两组鸟设置了不同的问题，例如寻找隐藏的食物或分辨可能表明危险的颜色。“我们发现来自城市地区的鸟类不仅在解决需要创新和适应性解决方案的任务方面比来自农村的鸟类更出色，而且还拥有更强的免疫系统”，奥迪特在《行为生态学》杂志上解释道。

研究

认知与行为

通过观察人类，巴巴多斯牛雀能扩大其食物源和用一种创新的方式保护自己。

组 \ 问题	寻找食物	探测危险
野外的巴巴多斯牛雀	—	—
城市的巴巴多斯牛雀	利用人类的存在	与人类的合作

概况

学名：
巴巴多斯牛雀（*Loxigilla barbadensis*）

分类：
雀形目裸鼻雀科

分布范围：
巴巴多斯

食物：
巴巴多斯牛雀的食物多样化，包括种子（36%）、花（29%）、昆虫（20%）和水果（10%）。觅食范围从地面到12米高空。

声音：
巴巴多斯牛雀可发出短而重复的口哨声、尖锐的颤音和偶尔刺耳的音调。

直到不久前，巴巴多斯牛雀还被认为是小安的列斯群岛红腹灰雀的一个亚种，因栖息在小安的列斯群岛，它也被称为小安德牛雀。

特征

智慧行为

问题的解决。巴巴多斯牛雀能够快速解决各种状况，包括逆向学习（改变学习行为模式的能力）。

适应性。虽然它们的栖息地仅限于岛上，但其杂食性和厚脸皮及大胆的性格使它们成为一种适应性很强的鸟类，这种鸟知道利用人类的存在并为其带来食物资源。

章鱼

章鱼是众所周知的美味佳肴，但实际上，因为它的寿命很短（大多数只能活一至两年），因而它的一生几乎是一个谜，而且由于它面临着众多的捕食者，它的行为孤独而难以捉摸。正因为如此，它可能已经发展出多种形式的伪装，以及在水中快速推进自己的能力。

章鱼栖息在海洋的各个区域，包括珊瑚礁、远洋水域和海床。意识到自己的脆弱性，它们能够如图中一样隐藏自己，甚至会使用欺骗手段。

章鱼是一种头足纲动物，其身体由一个头部和与之相连接的八条腕组成。一只章鱼有约2000 个吸盘，每个吸盘都有自己的神经节，每个神经节含有50万个神经元。这相当于在一个已经包含6500万个神经元的大脑中增加了大量的神经元。这些神经节像迷你型大脑，章鱼大脑与迷你型大脑相连，迷你型大脑之间也是连接的。这就解释了为什么断臂的章鱼可以自己爬行，甚至可以抓到食物。实际上，如果章鱼的触手被切断，能够再生出新的触手。

这些章鱼是没有社会组织的独居动物。除了作为竞争对手、性伴侣、捕食者和猎物之外，它们没有理由关注对方。它们没有朋友或同伴。它们最关心的是不要被猎杀，因为除了其同类，它们还会被周围几乎所有的生物吃掉，从鲨鱼等鱼类到鸟类和人类。因此，章鱼只是生长，尽量躲避捕食者（它们对于周围几乎所有的生物而言，都是一顿美味佳肴），直到它们有机会繁殖，然后就会迎接死亡。

章鱼保罗（Paul）生活在德国奥伯豪森海洋生物中心的水族馆里，因成为预测界的大神而闻名，它预测了德国国家足球队在2008年欧洲足球锦标赛和2010年世界杯上的比赛结果。在德国国家队的每场国际比赛之前，保罗都会得到两个相同的食物容器，一个放有德国国旗，另一个放有竞争对手的国旗。章鱼选择的容器内的旗帜被解释为获胜队的旗帜。它在2008年欧洲锦标赛上有两次失误，在2010年世界杯上的预测成功率高达100%。

概况

学名：
印尼条纹章鱼
（*Amphioctopus marginatus*）
拟态章鱼
（*Thaumoctopus mimicus*）

分类：
八腕目章鱼科

分布范围：
章鱼常见于温带或热带水域。对海洋没有特殊的偏好，因此人类可以在任何一片海洋中找到它们。条纹章鱼生活在西太平洋的热带水域。拟态章鱼最理想的栖息地是在东南亚的河口附近。

食物：
章鱼以鱼、甲壳类动物、软体动物为食。

声音：
人们认为它们完全不会发出声音，但西班牙维哥海洋研究所的科学家们发现，一只明显处于防御状态的章鱼发出了“像枪声一样”的声音。

由于承受着来自捕食者的巨大压力，几乎所有的头足纲动物都有伪装自己的能力，但拟态章鱼超越了它们，因为这种章鱼似乎具有“分裂人格”，几乎可以完美地模仿多达15种海洋动物，其中包括狮子鱼、比目鱼、鳐鱼或水母。

长有八条腿的大脑——智慧

澳大利亚墨尔本维多利亚博物馆的研究人员朱利安·芬恩和马克·诺曼在北苏拉威西岛和巴厘岛的多次潜水之旅中，惊奇地拍摄到了条纹章鱼的一种奇怪行为。1998～2008年，他们观察了该物种的几只章鱼如何在海底选择椰子壳，对椰子壳进行清洁，并将椰子壳运输数米。如果它们只有一半椰子壳，会将椰子壳翻过来，并藏在下面。但如果已经找回了两半椰子壳，它们会进入其中一个壳里，然后将另一半作为屋顶，就像是一个没打开的椰子一样。这是有记录以来第一只为自卫而制造工具的无脊椎动物。

但章鱼也非常擅长打开儿童专用药瓶或从一个用盖子封住的玻璃罐中“胡迪尼”式（**美国魔术师哈里·胡迪尼的逃脱术，编者注**）地逃出，而拧开盖子只需要不到一分钟。此外，它认识并能够记住人。在这方面，美国动物行为学家弗朗斯·德瓦尔提到了在水族馆进行的一项测试：“章鱼与两个身着相同蓝色工作服的人接触，一个人用装在手杖上的刺轻轻戳他，另一人给它喂食。起初这只动物没有任何区别对待，但随着时间的流逝，它开始这样做：看到总是打扰它的人，章鱼就缩回去，用虹吸管喷射水流，并在眼睛中显示出一条黑色条纹（与威胁和愤怒有关），但在喂食它的人面前，表现出冷静和信任。”

根据加拿大莱斯布里奇大学心理学系的珍妮弗·马瑟的说法，章鱼之所以会发展出如此程度的智慧，是因为在其进化的某个时刻，它们失去了其软体动物亲属所特有的外壳，没有了外壳，它们就被迫去进行狩猎以获取食物，而不是像仍然拥有外壳的动物那样等待猎物从它们附近经过。因此，章鱼也能够将大量资源付诸实践：模仿、伏击、使用工具……

研究

反应策略

	情况	动物反应
工具的使用	一半椰子	翻过来以用于躲藏
	两半椰子	作为容器使用

特征

智慧行为

工具的使用。章鱼清洁、运输和使用椰子壳，用来藏在里面以躲避捕食者。

记忆。即使过去了一段时间，章鱼也能记住不同人的脸。

问题的解决。由于其良好的神经系统，章鱼可以解决简单的问题，例如从盖着盖子的玻璃瓶内逃出。

穴小鸮

穴小鸮也被称为穴居猫头鹰，它是猫头鹰科的一种非典型的鸟类。其外观与纵纹腹小鸮相似：体形小（约22厘米），圆头，无“耳朵”状的耳羽，有黄色眼睛、浅色脸盘，头部、后颈和背部为深褐色，有白色斑点。与纵纹腹小鸮的不同，穴小鸮有长长的灰绿色的腿。

这种奇特的动物在地下挖洞，最深可达两米。在美国，它与草原土拨鼠共享栖息地，甚至会使用土拨鼠已经挖好的和空着的洞穴。

原产于美洲大陆，昼夜均可进行活动。白天穴小鸮待在洞穴周围捕捉昆虫，而晚上它会四处飞行以寻找两栖动物、爬行动物或小型哺乳动物。

它在进食时可食用相当于自身体重一半的食物。雌性会产下6～12个蛋，在孵化期间将由雄性喂养，因为雌性不会站起来。为避免打扰，父亲还会在洞穴的入口处守卫两个星期，直到雏鸟孵化。幼鸟将在六周大时独立。

穴小鸮通常会重复利用其他动物（如啮齿动物或犬科动物）在地下挖出的洞穴，用这些洞穴来躲避捕食者、躲避恶劣天气或作为巢穴使用。它出现在各种各样开放的栖息地、牧场、大草原和平原中。也会在人工改造的区域，如花园、墓地、农业区等地方被找到。大多数北美种群是候鸟（9月和10月向南迁移，3月和4月返回），并且迁徙规模很大。在一些地方，由于栖息地的丧失、天然草场转变为集约化农作区、狩猎、路杀（经过马路时突然受到的伤害，编者注）以及农药的使用致使其赖以生存的昆虫数量的减少，穴小鸮的种群数量正在下降，但是并未处于濒危状态。

概况

学名：
穴小鸮（*Athene cunicularia*）

分类：
鸮形目鸱鸮科

分布范围：
穴小鸮分布于北美洲，向南延伸到中美洲和南美洲。

食物：
穴小鸮食用节肢动物、小型哺乳动物、两栖动物和爬行动物，甚至一些鸟类。

声音：
穴小鸮能发出超过17种不同类型的声音。最常见的是兴奋或警告的“咯咯”声，一种由重复的声音组成的“喋喋不休”声，以警告幼鸟有危险；另一种是类似于响尾蛇的声音（雏鸟面临危险时会发出这种声音），具有代表性的“咕咕咕”的叫声可以让人想起鸽子的声音。

动物的学名是用拉丁文所写，通常是指物种的形态、生态或文化特征。在这种情况下，穴小鸮的学名中的*Athene*代指雅典娜，她是智慧、和平、文明、正义和科学女神，她最喜欢的动物是一只雕鸮，代指所有夜行性猛禽。而*cunicilia*的意思是挖洞或生活在地下。

非典型猫头鹰

当美国佛罗里达大学的道格拉斯·利维与他的学生们在一次鸟类学实地考察中观察穴小鸮时，他注意到有粪便散落在它们的巢穴周围。他与学生斯科特·邓肯和卡丽·莱文斯一起，决定对穴小鸮进行研究，在邓肯的妻子，一位鞘翅目昆虫专家的帮助下，他在食丸（一些鸟类吐出的未经消化的食物残渣形成的球状物）中发现了大量蜣螂的残骸。

他们进行了一项实验，包括清除动物在巢穴旁边沉积的所有粪便，然后只在一些巢穴旁边放置新鲜的粪便，其他的巢穴旁边什么也不放。四天后，研究小组检查了食丸和猎物残骸，发现在粪便沉积的地方，这些穴小鸮吃掉的蜣螂是其他穴小鸮的十倍。利维说，这一发现特别引人注目，因为它表明工具的使用可以使野生动物受益匪浅。这种令人信服的证据在生物学记录中很少见。“据我所知，不仅在鸟类中，而是在所有野生动物中，我们是首次发现的”，发表在《自然》杂志上的这项研究的主要作者说。

穴小鸮的策略是在其洞穴旁边长时间保持不动，等待猎物上钩，就像苍鹭偷面包时一样。此外，在这种鸟类栖息地中最常见的蜣螂是昼行性动物，如彩虹蜣螂（*Panaeus igneus*）占其食物的65%。在另一项测试中，他们想看看粪便是否有助于掩盖巢穴中蛋的气味，以保护它们免受敌人的侵害，为此他们建造了几个巢穴，将鹌鹑蛋放入其中，其中一些被粪便包围，其他则没有。然而，当他们几天后检查时，捕食者已经无区别地注意到被粪便包围的巢穴和其他没有粪便的巢穴，因此他们推断，粪便不是用来掩盖气味的。

穴小鸮

研究

工具的使用

	情况 A	情况 B
第一天	没有粪便的穴小鸮巢穴	有粪便的穴小鸮巢穴
第二天（四天后）	一只蜣螂	十只蜣螂

穴小鸮的捕食通常具备周期性：24小时完全狩猎和12小时或更长时间的不进食。在该物种濒临灭绝的地方，人们为它们建造了人工巢穴。

特征

智慧行为

工具的使用。尽管在人类的头脑中，我们很难将粪便视为一种工具，但对于穴小鸮来说，确实是工具，因为它用粪便作为诱饵来吸引它最喜欢的猎物——蜣螂。这种行为对鸟类的生存非常重要。

美洲绿鹭

美洲绿鹭是一种害羞而谨慎的鸟，尽管它并不稀有，但在自然环境中观察到它并不容易。它的脖子呈栗色，头顶有墨绿色的冠羽，当它紧张时，就会像鸡冠一样耸起。背部和翅膀呈彩虹灰绿色。喙大而长，上面是黑色的，下面是黄色的，有一条非常短的尾巴。

美洲绿鹭的重要性在于它将种子和其他水果埋在地下，从而为它所居住的森林的林地复育作出了贡献。这些鸟成了播种鸟，对于生态系统的保护非常重要。

美洲绿鹭在陆地上行走缓慢，在飞行中，其翅膀挥动缓慢而持续。它可能偶尔会游泳去寻找猎物。美洲绿鹭具有很强的领地意识，会积极捍卫自己的觅食和筑巢地。它生活在淡水体附近，如湖泊、池塘、沼泽、泥塘和溪岸，尽可能被植被包围着。它既有非常敏锐的视力，也有良好的听力和显著的触觉。它通过一套精心设计的叫声和肢体动作进行交流。

美洲绿鹭主要以鱼类和无脊椎动物为食，但它也是一种机会主义动物，猎物范围很广，具体取决于当时的可获取情况。进食可以在白天，也可以在晚上。最常见的捕猎技术是以蹲姿站立于水面，颈部和头部缩回。在变换位置之前，它会长时间保持静止。它还可以用它的“脚”使潜在的猎物移动并捕获它。其捕食者包括浣熊、昼行猛禽、蛇或美洲乌鸦。

概况

学名：
美洲绿鹭（*Butorides virescens*）

分类：
鹈形目鹭科

分布范围：
美洲绿鹭的分布从美国中部和加拿大东部到多巴哥、哥伦比亚、厄瓜多尔和委内瑞拉。

食物：
美洲绿鹭以小鱼为食，也捕捉小龙虾和其他甲壳类动物、水生昆虫、青蛙和蝌蚪。其他食物包括蚱蜢、蛇、蚯蚓、蜗牛和小型啮齿动物。

声音：
美洲绿鹭可突然发出响亮的“嘎嘎”声。

河道中的娱乐活动和工业用途的增加导致了美洲绿鹭种群数量的减少。目前，该物种所面临的主要问题是湿地退化和栖息地的丧失。

用诱饵钓鱼的鸟

美洲绿鹭是少数使用工具的鸟类之一。它们利用各种诱饵，例如昆虫或羽毛来捕鱼。但最令人好奇的是，人们看到它们“偷取”喂给鸭子或鸽子的面包来作为捕食的诱饵。它们将面包放在水面上，保持不动，直到有鱼靠近，才以极快的动作捕获或刺中鱼儿。它们有极大的耐心，一遍又一遍地重新放置诱饵，等待合适的猎物出现。幼鹭并不擅长袭击猎物，因此这种行为被认为是一种习得行为，表明某些短期的逻辑思维，即动物放弃立即吃面包，希望将来能够捕捉到更美味的鱼。

东京大学1986年发表的一份报告提出观点：“绿鹭在开阔水域捕鱼时常使用诱饵，因为它们必须克服容易被鱼看到的缺点。”

上方，一只美洲绿鹭，也被称为绿鹭，正在全速飞行。

它的腿是黄色的，眼睛的虹膜和延伸到眼睛前面的条纹也是黄色的。

美洲绿鹭

研究

使用诱饵钓鱼

先天行为

任何鸟类与生俱来的天性都是在找到食物后，立即捕捉。

习得行为

然而，美洲绿鹭使用诱饵来捕捉更好的食物。其选择能力有时会致使它放弃一种食物，以期望获得一份更加可口的大餐。

特征

智慧行为

心智理论。 此刻放弃食用一种食物，为了使用这种食物在未来获取更好的猎物。

工具的使用。 利用诱饵来捕鱼。

学习。 用诱饵捕鱼不是一种先天行为，而是一种习得行为。

概况

学名：
戈芬氏凤头鹦鹉（*Cacatua goffiniana*）

分类：
鹦形目凤头鹦鹉科

分布范围：
戈芬氏凤头鹦鹉是印度尼西亚塔宁巴尔群岛的特有物种，但其野生品种也存在于其他地方，包括新加坡、波多黎各和卡伊群岛。

食物：
戈芬氏凤头鹦鹉以坚果、水果、花朵、根、鳞茎、芽和昆虫为食。

声音：
戈芬氏凤头鹦鹉可发出响亮且刺耳的尖叫声。其雏鸟在饥饿时会发出柔和的重复嚎叫声。

位于特内里费岛（加那利群岛）的鹦鹉公园基金会正在塔宁巴尔群岛开展一项计划，目的是使人们了解森林、生物多样性和特有鹦鹉的重要性，并采取措施保护它们。为此，基金会成员为学校和公众开展了教育活动，这些活动旨在提高人们对猎人和贩运者的认识。基金会已经成功地增强了对非法贸易的监测，自2000年以来，一直没有为该物种的贸易发放过许可证。

戈芬氏凤头鹦鹉

由于起源地位于塔宁巴尔群岛，这种鹦鹉也被称为塔宁巴尔凤头鹦鹉，它是最小的白色凤头鹦鹉，从头部到尾巴只有约30厘米，重300克左右。在喙和每只眼睛之间，有鲑鱼色的斑块，与胸部、颈部周围和部分冠羽（由活动的羽毛组成）颜色相同。雌性虹膜呈红色，雄性虹膜呈棕色。它的脸颊、翼下和尾巴呈淡黄色，而喙和腿呈灰色。人们经常将它与小凤头鹦鹉相混淆。

戈芬氏凤头鹦鹉是印度尼西亚的特有物种，特别是在扬德纳岛、塞拉鲁岛和拉拉特的森林中，该物种于1863年由荷兰探险家奥托·芬施发现，他以他的朋友安德烈亚斯·利奥波德·戈芬的名字命名此物种，这位荷兰海军中尉在芬施发现这种鸟的同年去世了。

戈芬氏凤头鹦鹉**生活在森林**、森林边缘和农作物区，在这些地方它可能会造成破坏，因为种子是其主要食物，而且它偏爱玉米，这就是为什么在某些地方它被认为是一种害虫。这种鸟在新加坡的公园和花园中也很常见。它是一种群居鸟类，对大自然的好奇心强，喜欢探索。主要通过观察和模仿来学习。它在干燥的树洞中筑巢，通常会产下两到三个蛋，由父母双方孵化一个月。雏鸟在孵化后约十周离开巢穴，由其父母继续再喂食几周。

由于森林砍伐对其栖息地的破坏，以及大规模的宠物交易，致使现在人工饲养的戈芬氏凤头鹦鹉比野生的更多。作为宠物，它是一种要求很高的动物，需要大量的关注。它的智慧使它能够在几秒钟内打开笼子的锁扣，而且可以用它的喙破坏家具。事实上，在某些情况下，它甚至会啄食电缆，从而产生潜在的危险。但是这些鸟可以被训练来学习技巧，甚至是一些单词，它是安静的凤头鹦鹉之一，除非是在要求食物或寻求关注的情况下。有时，如果没有一个有趣的生存环境，人工饲养的戈芬氏凤头鹦鹉会出现自我毁灭的行为，例如拔羽毛或刻板行为（由于压力而产生的毫无意义的重复动作）。这些鸟需要玩具，需要被带出笼子来训练翅膀。此外，它们也喜欢音乐和舞蹈。

长着翅膀的“胡迪尼”

由奥地利教授艾丽斯·奥尔施佩格领导的维也纳兽医大学和牛津大学的研究人员发现，戈芬氏凤头鹦鹉可以用无定型材料制作成长度、形状都适合自己使用的工具，这表明它们可以预知自己将如何使用这些工具；然而，这一物种不以自由使用工具而闻名。一只名叫费加罗的凤头鹦鹉此前曾表现出自发制作工具的能力。从那时起，另外三只凤头鹦鹉也相继表现出了这种能力，这表明这种能力是该物种特有的，而不是某个特殊个体所独有的。

科学家们给这些鸟儿出了个难题，要求它们从盒子里取出一块食物，盒子带有一个圆孔。他们为鸟儿提供了四种不同的材料：木头、带叶子的树枝、纸板和无定形蜂蜡。虽然没有一只鸟能够给蜂蜡塑形，但奥尔施佩格的团队发现，其中至少有一些鸟能够用剩下的三种材料制作工具，这意味着它们了解每种材料的特性，并会采用适当的方式进行加工。

一个由牛津大学、维也纳大学，以及马克斯-普朗克研究所的研究人员组成的团队用十只凤头鹦鹉进行了一项实验，在这项实验中十只凤头鹦鹉必须打开五个相互连接的锁（移除钩子、拧出螺丝钉、转动轮子、移动插销到另一边）来获得一个奖品。其中一只名叫皮平的鹦鹉在没有帮助的情况下在两个小时内完成了这个任务，而其他鹦鹉在观察了皮平之后也解决了这个难题。随后，研究人员重新排列了这些锁，令一些锁失效，他们发现这些鸟儿调整了修改后的难题的答案。“这表明凤头鹦鹉在不需要更多的练习的情况下就能够在顺序上创新”，该研究的参与者亚历克斯·凯瑟尼克说。

戈芬氏凤头鹦鹉

研究

问题的解决

皮平在没有帮助的情况下成功地打开了1、2、3和4号相互连接的锁。

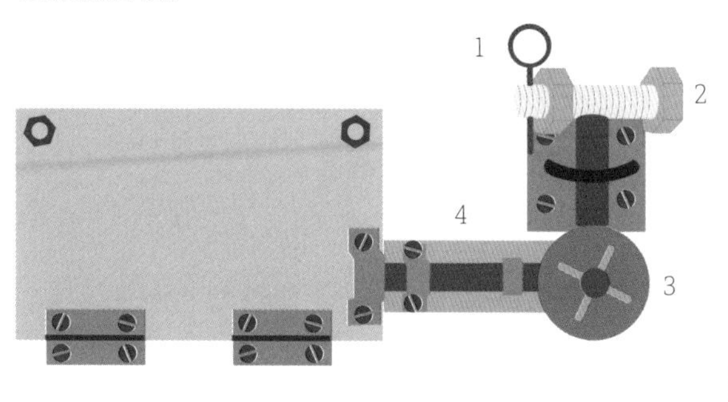

1 钩子（移除）
2 螺丝钉（拧出）
3 轮子（转动轮子）
4 插销（移动插销到另一边）

特征

智慧行为

工具的使用和问题的解决。虽然戈芬氏凤头鹦鹉在野外不使用工具，甚至不用工具来筑巢，但有几只鹦鹉，如费加罗，人们已经证明了它们有能力用不同的材料制造工具来获取食物。它们可以预知自己所制作工具的目的。另外，鉴于其好奇心和感知能力，这种鸟类还非常擅长解决难题和创新；它们有能力感知一些物体如何作用于其他物体。此外，它们还通过观察和模仿来学习。

丁格犬

丁格犬，又称澳大利亚野犬，是一种野狗，是生活在澳大利亚的狼的后裔，但它不是澳大利亚的原生物种。据信，大约在5000年前，这些狗作为猎物或者甚至是食物，乘坐游牧船来到澳大利亚大陆。一到那里，它们就野生化了。目前它们生活在澳大利亚和东南亚岛屿的野外。

与狼一样，丁格犬每年繁殖一次，怀孕约65天后，每窝约有5只幼崽出生。丁格犬可能会实施杀婴行为，以抑制其下属成员的繁殖。

丁格犬**体形中等**，嘴尖，有直立的耳朵和红黄色的毛，与同等体形的家犬相比，丁格犬有更加扁平的头骨，以及更大的犬齿；这种犬不吠叫，而是嚎叫，并且能够将头向每个方向转动近180°。它们是社会性动物，生活在一个由一对阿尔法伴侣犬带领的拥有多达十只个体的群体中。年轻的雄性经常分散开来，独自度过一段时间，直到它们形成自己的群体。

原住民与丁格犬的关系很好，他们有时和这些狗一起生活，但当欧洲人到达该地区时，他们将这种动物视为对其羊群的威胁，开始消灭它们。

历史上有许多关于丁格犬的故事，但所有这些故事，无论是从哪个视角（原住民或猎人）被讲述出来，都有一个共同点：它们非常聪明。牧民们在与野生食肉动物的永恒斗争中，很快就意识到了这种动物的能力，他们将这种动物定义为“狡猾、懦弱和奸诈”，虽然这些形容词听起来有些贬义，但无疑反映了其智慧。对于捕猎者来说，捕捉它们非常困难，他们不得不通过在周围留下类似狗尿的气味来伪装陷阱，以分散该种动物的注意力。由于人类对它们使用陷阱和毒药（现已被禁止），这种人为的压力导致其数量迅速减少。它们遇到的另一个问题是与家犬杂交。

概况

学名：
澳大利亚野犬（*Canis lupus dingo*）

分类：
食肉目犬科

分布范围：
澳大利亚野犬遍布中国、柬埔寨、印度、老挝、印度尼西亚、泰国、马来西亚、缅甸、菲律宾、巴布亚新几内亚、越南和澳大利亚大陆。

饮食：
澳大利亚野犬是澳大利亚著名的肉食性动物，食物包括昆虫、水牛、袋鼠、小袋鼠、兔子或袋熊，以及绵羊等家畜，此外，它也吃一些水果和人类粪便。

声音：
澳大利亚野犬会发出三种基本的嚎叫声，每种有十种变体。这种声音既用来吸引群体成员，也用来吓跑入侵者。在群体嚎叫中，音调根据参与者的数量而提高。

“丁戈篱笆”或“丁戈栅栏”是世界上最长的围栏，全长5614千米，横跨澳大利亚。此围栏建于1880~1885年，最初是为了设置边界线，防止被引进这片大陆的兔子所造成的灾害。1914年，丁戈篱笆适用于控制澳大利亚野犬，以保护羊群，以及基于绵羊的昆士兰羊毛工业；虽然该围栏并不完全有效，但围栏里的这些犬科动物的数量确实减少了。

与众不同的犬

澳大利亚墨尔本附近的丁格犬发现和研究中心是这种动物的主要研究中心。在那里，它们接受了一项测试，在它们力所不及的金属栅栏顶部放置着一个装有食物的信封。一只名叫斯特林的雄性犬试图拿到信封，但没有成功，因为太高了。然后，它走近围栏里的一张小桌子，咬住一条桌腿，在其同伴的帮助下，将桌子拖了几米，移到了足够近的地方；登上桌子用其后腿站起来，前腿搭在铁丝网上，在第二次尝试时，它拿走了战利品。

必须说明的是，斯特林从未受到过训练或鼓励以做出这种行为。这种行为是先天行为，更重要的是，它是第一个被记载的犬科动物自发使用工具的例子。

在同一中心，还记录了另一只样本，泰德，它为与其伴侣艾杰团聚，设法用嘴打开了它的笼子上的门锁。

丁格犬通过使用攻击性来维持群体的等级制度。

研究

团队行为

第一步

放有战利品的高围栏和桌子相互隔开。丁格犬斯特林分析场景并决定：在同伴的帮助下，将桌子移近围栏。

第二步

斯特林登上桌子拿到战利品。

特征

智慧行为

工具的使用。丁格犬是第一种被证明的操纵物品以实现目标的犬科动物。在这项证明中，它移动并登上一张桌子，以拿到一个装有食物并放得相当高的信封。

问题的解决。丁格犬已经证明了其克服挑战的能力，甚至是开门和开锁的能力。

适应性。丁格犬高度适应任何环境，从澳大利亚的沙漠到巴布亚新几内亚的丛林。证明这一点的是，在许多地方它都被认为是一种灾害。

拟鹨树雀

拟鹨树雀是一种属于“达尔文雀”族的鸟类，这类鸟在加拉帕戈斯群岛上孤立地进化，基于不同的生存策略，这使得其喙以不同的方式进化。就拟鹨树雀而言，已经进化出来一种坚固而锋利的喙，非常适合凿穿树木。

1997年，人们发现了对这种鸟的一个主要威胁，一种会削弱蛋和幼鸟的苍蝇（南美斐蝇）。这种昆虫在鸟窝中产卵，其幼虫会进入雏鸟的身体，在其血液中发育，直至将幼鸟杀死。

它是一种机敏的鸟儿，长约13厘米，有棕色的羽毛、黑色的喙和腿，很容易适应不同的环境，只要在其活动范围内有昆虫，它就可以在靠近大海或更高海拔的地方生活。

如果说拟鹨树雀有什么特别之处，那就是它使用工具获取食物的能力。它用其坚硬的刺状喙凿开树皮，露出藏在里面的幼虫和甲虫。为了探查那些它的喙或舌头无法进入的缝隙，它可以改造、使用树枝、茎或仙人掌的尖刺。同一个工具可用于多个树干，并且它会设法将工具缩短到最适合它需要的尺寸，或去除掉那些会阻碍它将工具顺利伸进沟槽的侧枝。

研究发现，只有生活在食物匮乏或难以获取食物的栖息地的雀鸟才会使用工具，而且它们在觅食的一半时间里都是这样做的，这意味着它们所吃的食物有50%是通过这种方法获得的；这些鸟更愿意尝试未知的东西，可以说它们喜欢新事物。但就它们而言，生活在食物丰富且容易获得的较潮湿地区的个体很少处理树枝或荆棘，甚至对新事物表现出一定的反感。

概况

学名：
拟鹨树雀（*Camarhynchus pallidus*）

分类：
雀形目唐纳雀科

分布范围：
拟鹨树雀栖息于加拉帕戈斯群岛。

食物：
拟鹨树雀高度偏爱食用节肢动物和幼虫。

声音：
拟鹨树雀发出快乐且重复的叫声。

英国生物学家、探险家查尔斯·达尔文对居住在加拉帕戈斯群岛上的不同种类的雀鸟很感兴趣。这些小而不起眼的鸟在身体上非常相似，只是它们的喙的形状不同。达尔文提出，鸟喙的变化是为了应对在食物匮乏的环境中寻找各种食物的需要。一些原本以种子为食的雀鸟开始用仙人掌果肉、昆虫甚至血液来扩充它们的食物。那些有着大而厚的喙的雀鸟可以凿开种子，它们的叫声更简单，更容易重复。那些喙更小且更细的雀鸟适应了吃昆虫。1973年，美国普林斯顿大学的教授皮特和罗斯玛丽·格兰特分析了25代近两万只雀鸟，结果表明，它们的喙和体形大小会随着环境的变化而改变。

裂缝调查员

奥地利维也纳大学动物行为系的生物学家萨宾·泰比奇发现，这些鸟生来就有使用工具的能力，尽管随着时间的推移，得益于不断的试错学习，它们会变得更加熟练。

泰比奇在一个鸟窝中发现了一只小拟鴷树雀——愿望，它刚出生几天，因为感染了苍蝇的寄生幼虫，病得很重。他把愿望带到了圣克鲁斯岛的查尔斯·达尔文研究站，一群科学家在那里对它进行了必要的照顾并记录了它的进步：两个月后，它已经能用它的喙折弯茎和树枝，并将它保持成一个直角。从那时起，愿望开始全身心地探索周围的一切，对发现的任何东西又啄又咬。一个月后，它会使用羽毛、木片和树枝探查任何它能够到的缝隙。

“它会飞到人的脸上，倒挂在鼻子上并检查鼻孔。如果这个人有胡须，它会降落在胡须上，用力地将它的喙插入嘴唇之间；如果它能把嘴唇分开，它会一颗一颗地检查牙齿，”与愿望一起工作的科学家们写道。

尽管认为社会学习对雀鸟的能力影响不大，但这位生物学家还是有机会观察到了自然界中的两个个体，一个是幼鸟，一个是成鸟。后者扭弯了几根荆棘树枝，清理了侧面的树叶，调整了新工具的方向，使尖刺朝向正确，以取出猎物。幼鸟观看了整个过程，然后以同样的方式使用了树枝。

通过改变食物，改吃隐藏的昆虫和幼虫，与其他雀鸟相比，拟鴷树雀把它的喙磨得更锋利。

拟鴷树雀

研究

观察与学习
拟鴷树雀使用树枝作为工具在树缝中寻找食物。

特征

智慧行为

工具的使用。拟鴷树雀有一种先天的“痴迷”，会去探查任何缝隙。在野外，它收集并改造树枝和尖刺，将它们伸进缝隙，取出昆虫幼虫。

白脸卷尾猴

概况

学名：
白脸卷尾猴（*Cebus capucinus*）

分类：
灵长目卷尾猴科

分布范围：
从洪都拉斯到厄瓜多尔南部。

食物：
白脸卷尾猴作为杂食性动物，其食物多种多样。在其食谱中，水果占65%，蔬菜占15%，嫩芽、花、甲壳类动物、软体动物、昆虫、蛋类、小型哺乳动物和鸟类占20%。

声音：
白脸卷尾猴可发出许多不同的声音。

通过高度灵活的前爪，白脸卷尾猴能够执行诸如翻页、按下开关、将吸管放入瓶子等任务。自1979年以来，美国波士顿的一个协会——援助之手（Helping Hands）一直在训练和教育白脸卷尾猴，以帮助患有脊髓损伤或其他影响其行动的疾病患者，使他们在日常生活中能够享有更多的独立性，并且白脸卷尾猴也与宠物一样，可以提供陪伴。

白脸卷尾猴是一种生活在中美洲的体形中等、易激动的猴类。除了脸部、肩膀、喉部和胸部呈黄白色之外，它的短毛呈黑色。头顶上有一块黑斑。它有一条与身体长度相同的有抓握能力的尾巴，它把这条尾巴当作第五肢，帮助其抓住树枝并保持平衡。

白脸卷尾猴几个世纪以来一直被称为“手摇风琴手”，但最近人们发现了它们帮助和护理四肢瘫痪者的能力。

白脸卷尾猴居住的栖息地相当广泛，它是树栖性动物，在白天活动，具有社会性，会组成可超过20只个体的群体。这种动物的交流方式很复杂，有大量的叫声和动作。它的食物非常多样化，水果占主导地位，它还在维持热带森林的健康方面发挥着非常重要的作用，因为除了控制一些害虫外，它还会传播花粉，并通过粪便传播种子。众所周知，这些猴子喜欢不时地聚在一起洗“洋葱浴”，用这种具有抗寄生虫特性的鳞茎擦拭彼此的皮肤。

美国人类学家苏珊·佩里对白脸卷尾猴进行了长达20年的研究，她发现在其社会组织中存在着一些联盟，在这些联盟中，个体会招募那些对自己比对对手更友好的同伴。这种策略需要三元意识（不仅要了解自己作为主体A和B的关系，还要了解A和C之间的关系）。

这种灵长类动物有一种与生俱来的倾向，那就是操纵和摧毁一切落入其控制范围内的事物。在野外，它会收集石头，用它们（一个用作砧板，另一个用作锤子）敲碎坚果；它还会长时间敲打牡蛎，直到这种软体动物放松其内收肌并可以将其打开，或者将木棍插入裂缝以获得某种美味。有人描述过这样一个案例，几只白脸卷尾猴向一条毒蛇投掷树枝，一只成年的白脸卷尾猴用棍子反复击打这条蛇，直到确认它死亡。这些动物对工具的使用只能与类人猿相比，与白脸卷尾猴不同的是，类人猿在行动之前会先思考，而白脸卷尾猴是一个超级活跃的试错机器。这些猴子会尝试各种各样的操作和可能性，直到它们找到最合适的一种并一直用下去。

灵巧且好动

意大利灵长类动物学家伊丽莎白·维萨尔伯格进行了一项研究，根据她的结论，在该研究中证明了：“白脸卷尾猴没有能够使它们理解任务的不同要素的心智表征”，但它们会尝试一切，直到某些东西发挥作用。该实验是在动物眼睛的高度水平放置一根管子，该管由透明塑料制成，长约30厘米，里面有一颗花生，因为圆柱体太长、太窄，它们无法拿到花生。在它们旁边，有各种各样的物体可以用来帮助它们拿到奖品：长棍、短棍、可弯曲的橡胶条……卷尾猴犯了很多错误，比如撞到管子或使用不合适的材料。即便如此，随着时间的推移，它们还是学会了选择长棍。

接下来，维萨尔伯格给它们设置了一个新的挑战，在管子的中间开了一个洞，这样如果花生被推入洞中，就会掉进一个塑料盒子里，猴子就不会得到奖励。其中三只猴子随意地尝试了一下，只有一半时候完成了目标。但一只年轻的雌性猴子——罗伯塔并没有停止研究，直到它成功地找到了要领，将棍子插入离奖品最远的管子的一侧，这样花生就不会掉进洞里了。然后研究人员给它提供了一根没有洞的新管子，尽管它现在可以从任意一端插入棍子而没有失去奖品的风险，但罗伯塔继续寻找到花生的最远距离，坚持继续用那个它之前取得成功的方法。维萨尔伯格得了出结论，白脸卷尾猴可以在不理解的情况下解决像陷阱管这样的问题。

白脸卷尾猴

研究

选择和解决问题

第一步

经过多次失误后，白脸卷尾猴选择了合适的长棍。

第二步

白脸卷尾猴学会了在不理解问题的情况下解决问题。

特征

智慧行为

工具的使用和问题的解决。白脸卷尾猴非常熟练地使用不同的工具，当遇到挑战时，它们会尝试所有的可能性，直到找到适当的解决方案，而不在乎先前犯过的大量错误。

概况

学名：
新喀鸦（*Corvus moneduloides*）

分类：
雀形目鸦科

分布范围：
新喀鸦分布于新喀里多尼亚，后被引入洛亚蒂群岛。

食物：
新喀鸦以昆虫、啮齿动物、水果、蛋、坚果、种子、两栖动物、鱼、软体动物和腐肉为食。

声音：
新喀鸦的声音低沉、沙哑、有金属感，在飞行中它最常发出一种非常低沉的声音来与其他鸟对鸣，它还会发出更快、更刺耳的嘎嘎声来作为警报声。正如鸦科动物中常见的那样，它能够发出许多类似于喋喋不休的短促且嘶哑的声音，并用这些声音与其他鸟类进行交流。

日本一座城市的新喀鸦已经学会毫不费力地打开坚果。它们站在交通信号灯的顶部，当红灯亮起时，将坚果扔到斑马线上。它们耐心地等待汽车碾碎坚硬的果壳，等车流停止时，就飞下去吃坚果。如果碰巧没有汽车压碎坚果，它们就会重新把坚果放回去。

新喀鸦

新喀鸦是一种乌鸦。自很遥远的时代起，乌鸦一直是人类历史的一部分。其黑色羽毛带有金属光泽，加上其食腐的习性，乌鸦成了“黑鸟”，这些鸟有时会被认为是“不祥”之鸟。

乌鸦及其家族其他成员（如普通乌鸦、松鸦和喜鹊）的智慧，自古以来就为人所知。然而，最近发现新喀鸦的表现优于其他乌鸦品种，它的理解力在某些方面可以与七岁的孩子相媲美。

乌鸦的智慧是众所周知的，在《圣经》和世界各地的不同神话传说中都有提及，在北欧的传说中也有很多相关内容；希腊作家伊索为它献上了一则寓言，美国诗人爱伦·坡也写了一首诗。它是一种社会性动物，其杂食性特征使它高度适应几乎所有的栖息地和环境。它对人类丢弃的食物残渣并不反感，因此很容易在公园和花园中找到它。

这种“家族中的聪明鸦”生活在南太平洋的一个小岛上——新喀里多尼亚。它们是如此聪明，以至于被称为“有羽毛的类人猿”，人类将它们与灵长类动物进行比较（事实上，就大脑与体重的比例而言，任何乌鸦的大脑都与黑猩猩的大脑大小相同）。

1993年，新西兰奥克兰大学的科学家们发现，新喀鸦拥有一种长期以来被认为是只有大型灵长类动物和人类才有的技能，即创造和使用复杂工具的能力：它们改造并修剪树枝，直到得到一个小钩子，可以用来从木头裂缝中取出毛虫。

现实超越了神话

尽管新喀鸦的智慧在十年前才开始被发现，但关于这个问题的研究却很多。也许最著名的是牛津大学鸟舍里的一只雌鸟贝蒂，研究者将一小块肉放入一个桶里，而这个桶又被放入一个圆筒里，在圆筒旁边留有一段直的铁丝。贝蒂不假思索，就用她那强壮的喙，把铁丝折弯，做了一个钩子，拿出了装有奖品的桶。

后来一只名为007的雄鸟非常迅速地解决了一个复杂的难题，因而成了明星，这个难题必须按照特定的顺序来解决。该测试由奥克兰大学的教授埃里克斯·泰勒设计，在测试中，这只鸟轻轻地拉着一根绳子，取一根悬挂在树枝上的棍子，然后将它伸进一个透明盒子的洞里，盒子中已经放置了食物，但棍子太短，无法够到奖品，所以它决定用棍子从另一个容器中取出三块石头。它带着石头来到第二个盒子，通过一根管把石头扔进去，以获取一根放在天平里的更长的棍子，棍子掉下来后，它带着长棍子回到了第一个盒子，得到了他应得的奖励。

普通乌鸦已经有智慧行为的意识，新喀鸦在这方面则超越其他乌鸦。

新喀鸦

研究

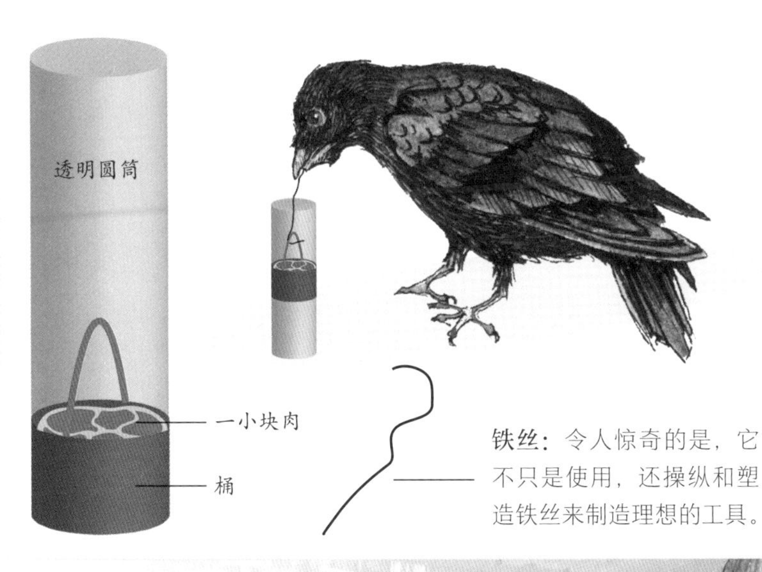

铁丝：令人惊奇的是，它不只是使用，还操纵和塑造铁丝来制造理想的工具。

特征

智慧行为

元工具的使用。新喀鸦不仅使用复杂的工具，而且还制造工具。

记忆。新喀鸦能够记住人们的面孔，并能记住多年，甚至会将这种记忆传递给它们的后代。

问题的解决。新喀鸦甚至可以解决一些对于灵长类动物而言也很复杂的问题。

交流。新喀鸦有多种声音，可以相互交流。

适应性。已经证明，除了那些极度寒冷的地方外，新喀鸦几乎能够生活在任何栖息地。

沼泽鳄

第一批鳄鱼出现在2.3亿年前，它们已经足够强大和聪明，能够在大规模生物集群灭绝中幸存下来，且没有发生太大的变化，因为它们保留了史前的外观。

概况

学名：
沼泽鳄（*Crocodylus palustris*）

分类：
鳄目鳄科

分布范围：
沼泽鳄分布于印度、孟加拉国、斯里兰卡、巴基斯坦、尼泊尔、伊朗南部，也可能出现在中南半岛。

食物：
沼泽鳄作为食肉动物，以鸟类、猴子、乌龟、蛇等为食。较大体形的鳄鱼可以猎杀水牛或鹿。

声音：
沼泽鳄可发出巨大的噪声、吼叫声和次声。

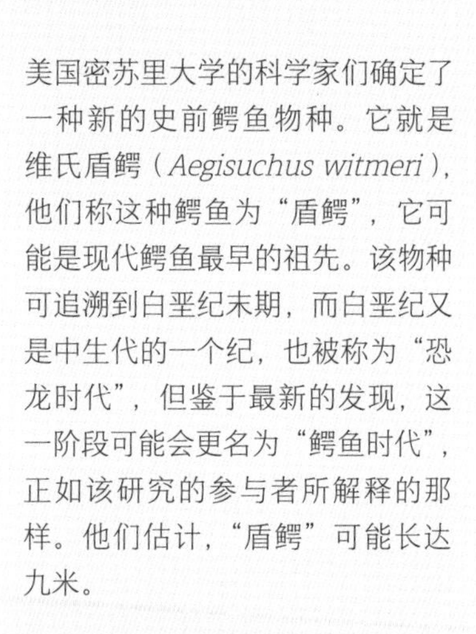

美国密苏里大学的科学家们确定了一种新的史前鳄鱼物种。它就是维氏盾鳄（*Aegisuchus witmeri*），他们称这种鳄鱼为“盾鳄”，它可能是现代鳄鱼最早的祖先。该物种可追溯到白垩纪末期，而白垩纪又是中生代的一个纪，也被称为“恐龙时代”，但鉴于最新的发现，这一阶段可能会更名为“鳄鱼时代”，正如该研究的参与者所解释的那样。他们估计，“盾鳄”可能长达九米。

美国学者弗拉基米尔·迪内茨在《行为学、生态学与进化》杂志上发表了一项研究。他指出，鳄鱼可能会推着球或在水中滑行以寻求乐趣，它们在野外玩木块和猎物残骸也是很常见的，或者它们会反复滑下斜坡，就像是滑滑梯一样，这样做只是为了取乐。

沼泽鳄是一种原产于亚洲的淡水物种，呈褐色，其体色有助于使它与周围的环境融为一体。由于其宽大的颚，它也被称为“长嘴动物”。这种爬行动物具有出色的水下视觉和夜视能力，还有敏锐的听觉和嗅觉。它能感知红外光、次声波和电场。它的长度可超过五米。人们可以在喜马拉雅山麓湍急的山间河流、塔尔沙漠的短期性湖泊、热带雨林的沼泽、咸水河口或堆满垃圾的肮脏池塘中找到这种动物。最丰富的种群分布在斯里兰卡和印度的一些国家公园里，这些地方的再引入计划也正在进行中。

沼泽鳄会在沙地上挖一个洞穴，该洞穴可长达20米，居住在更北部的鳄鱼会在里面冬眠，或者那些生活在干旱地区的鳄鱼会在里面避暑（夏眠）。沼泽鳄会毫不犹豫地在陆地上进行长途旅行，这就是为什么许多鳄鱼在试图穿越公路时被碾压。这些鳄鱼会捕食在水中发现的任何东西，并经常在夜间长时间停留在林间小路的边缘，很显然是在埋伏，但是对人类的袭击相对较少。雄性鳄鱼有领地意识，以巨大的噪声（它们可能会吼叫）和次声标记领地。

历史上，人们猎杀鳄鱼，是为来制作所谓的药物，为获取它的皮（1950～1960）和作为一种运动。现今，其栖息地的破坏和以收集鳄鱼蛋并出售给鳄鱼养殖场的行为，是鳄鱼所面临的主要威胁。

史前和智慧

美国田纳西大学诺克斯维尔分校的一个科学家小组，在美国学者弗拉基米尔·迪内茨的领导下，记录了沼泽鳄对工具的使用：它使用各种木棒和树枝，作为诱饵，放在它的嘴上，同时保持半吞食状态。鳄鱼专家迪内茨在印度的一个池塘中第一次观察到这种行为，但后来发现这不是一个孤立事件，而是相当普遍的。“鳄鱼在几个小时内完全保持不动，如果它们为调整姿势而移动，也会以这样一种方式，使木棒在其嘴巴上保持平衡。然后，当一只白鹭为筑巢而靠近其中一根树枝时，这种爬行动物就以最快速度张开嘴，猎物很少能逃脱”，迪内茨在《行为学、生态学与进化》杂志上写道。

鳄鱼只在春天使用这种方法，而春天正是白鹭筑巢的时期。在这个季节，鸟儿忙着挑选最好的小木棒，常常变得粗心大意。鳄鱼似乎学会了利用这个机会。迪内茨和他的同事在美国短吻鳄（*Alligator mississippiensis*）中也观察到了同样的行为。

沼泽鳄

研究

特征

智慧行为

工具的使用。沼泽鳄把木棒和树枝作为诱饵，平衡地放在嘴上，目的是捕捉到为寻找筑巢材料而靠近的鸟儿。

概况

学名：
海獭（*Enhydra lutris*）

分类：
食肉目鼬科

分布范围：
海獭分布于北太平洋，从日本北部到墨西哥。

食物：
海獭以100多种不同的猎物为食，主要是海洋无脊椎动物（海胆、双壳类动物、甲壳类动物、蜗牛）。

声音：
海獭很吵闹，会发出窃窃私语声、咆哮声、口哨声、嘶嘶声和尖叫声。小海獭的呜咽声常常被比作海鸥的声音；雌性在很高兴时会咕咕叫，而雄性在同样的情况下可能会咆哮。痛苦或受惊的成年海獭经常吹口哨，或者在极端情况下，会尖叫。

人们为了获得海獭的肉，特别是皮而去猎杀它，海獭皮可以卖出非常高的价格，它曾经濒临灭绝。在20世纪初，据估计只剩下约2000只海獭。面对这种情况，人们开始采取保护措施，其种群数量显著恢复。然而，偷猎、石油泄漏和渔网问题仍然是其主要威胁。

海獭

1751年，德国动物学家格奥尔格·斯特勒首次对海獭进行了科学描述。它体形中等，呈暗褐色，头部、颈部和胸部的颜色要浅得多。与其他海洋哺乳动物不同的是，它没有脂肪层，而是仅仅依靠其皮毛来保护自己免受寒冷，因此它有一层外毛，长而防水，而另一层毛较短。

海獭通常一胎只生一只幼崽，幼崽在水中出生，睁着眼睛，身上长着一层厚厚的婴儿毛。母亲们会舔舐初生幼崽几个小时，直到其皮毛保留了足够多的空气，可以使小海獭像软木塞一样漂浮起来。在13周时，其毛皮将被成年毛所更换。

它最初被称为海洋水獭，在1922年被认可为海獭（*Enhydra lutris*）之前，经历了多次更名。学名*Enhydra*源自希腊语*en*（在）和*hydra*（水），其含义为“在水中”；而*lutris*一词，含义为“水獭”。其皮毛非常浓密，为了保持完美状态，海獭会不断地梳洗自己。这种清洁包括梳理、清洁皮毛和摩擦其毛皮以排出水分并使空气进入。在它对海洋环境的适应中，其在水中关闭鼻孔和耳道的能力尤为突出；每只爪子的第五个脚趾最长，这有助于其游泳，但阻碍了它在陆地上的移动；其肺活量和储存在皮毛间的空气为它提供了很大的浮力，其胡须（感觉毛）非常敏感，使它在浑浊的水中也能够找到猎物。当它浮出水面时，会仰面漂浮，并用它的腿和尾巴作为桨。在其前肢下，有两个松散的毛皮“口袋”，在潜水时海獭会将食物储存在那里，以便在它保持仰卧时可以在水面上吃东西。它是一种能够用腿翻动水底的岩石来寻找猎物的海洋哺乳动物。此外，它用前肢来捕鱼，而不是用嘴。

海獭有独居习性，它会为了休息而聚集在同一性别的大群中，为了避免被潮水冲走，海獭可能会用海藻包裹住自己。它通常生活在距离海岸不到一千米的沿海水域。它是一种重要的物种，因为其控制着海胆的数量，海胆以海藻的底部为食，会致使海藻分离，随后造成海藻死亡。加拿大不列颠哥伦比亚省对该物种的再引入，已经使沿海生态系统的健康状况得到了极大的改善。

一只毛茸茸的小可爱

海獭从水底收集岩石，并将岩石当作坚硬的底座，放在其腹部上，在上面打碎贝壳，获取里面的食物，所以它是使用工具的哺乳动物的优秀群体中的一员。例如，为了打开坚硬的贝壳，它会用双腿抵住位于胸前的岩石，用猎物拍打岩石；为了取出鲍鱼，它会用一块大岩石连续敲打鲍鱼的外壳，据观察到的速度为15秒内敲击45下。

但并非所有的个体、所有的海獭种群都会这样做，因此一个由美国科学家（凯瑟琳·罗尔斯、南希·罗泽尔·麦金纳尼、罗德里克·B. 加涅、霍莉·B. 欧内斯特、M. 蒂姆·丁克、杰西卡·藤井和耶苏斯·马尔多纳多）组成的团队决定对表现出这种行为的个体进行基因测试。在《生物学快报》上发表的一项研究中，作者承认了他们对使用石头的个体之间没有亲缘关系这个证实感到很惊讶，因此人们认为这种能力起源于数千年前。

这一结论得到了以下事实的支持：海獭幼崽似乎先天就会使用工具。作者的研究结果是基于对人工饲养的孤儿幼崽的观察，这些幼崽在独立生活前就学会了使用石头。

海獭

研究

根据食物来区分工具

双壳软体动物	单壳软体动物
拿起一块石头，将其放在自己的腹部上	
海獭用双手敲打双壳类动物	用一只手像用锤子一样敲打猎物

特征

智慧行为

工具的使用。海獭使用石头，在它们仰泳时石头被放置在其腹部上，用双壳类动物击打石头，打碎外壳以获得里面的肉。根据所进行的研究，这种行为似乎是与生俱来的。

概况

学名：
泛蚁蛉（*Myrmeleon formicarius*）

分类：
脉翅目蚁蛉科

分布范围：
泛蚁蛉分布于欧洲和北亚。

食物：
在幼虫阶段，泛蚁蛉以落入陷阱的昆虫为食，主要是蚂蚁，而在成虫阶段，它捕食软体有翼昆虫，如蚜虫。

尽管从表面上看，这些不是蚂蚁的昆虫与蜻蜓很相似，但它们与蜻蜓的不同之处在于其粗壮的棒状触角。成年个体与幼虫完全不同，具有更加强壮和紧凑的身体。

蚁狮

蚁狮，尽管它的名字可能有所指向，但蚁狮是一种与蚂蚁毫不相干的昆虫，而是属于脉翅目（意为“有纹路的翅膀”），成虫可能让人联想到蜻蜓，其腹部狭长，翅膀大而透明,有明显的翅脉。

当猎物在捕猎范围内时，蚁狮会向猎物注射一种麻痹性毒液，其中含有液化内脏的酶；然后，它就会像用吸管喝奶昔一样吸食营养液，然后将残余物扔出洞穴陷阱。

蚁狮这个名字指的是该物种的幼虫，但并不是因为它长得像蚂蚁，而是因为这些蚂蚁是它最喜欢的猎物，而“狮子”则来自它凶猛的外表，更像是一部恐怖的科幻电影。

这种昆虫会经历完全变态发育，历经卵、幼虫、蛹和成虫的阶段。幼虫与成虫完全不同，呈褐色，腹部短而粗壮；它没有翅膀，而是有强大的下颚，这使它看起来很凶猛，但实际上是空心的口器，用来在注入毒液后，从受害者身上吸食汁液。

它生活在避雨的沙地，幼虫在那里挖出锥形洞作为陷阱来捕捉小昆虫（在大多数情况下它会捕捉蚂蚁，并因此而得名），当这些小昆虫心不在焉地穿过陷阱的顶部时，它们会顺着斜坡上松散的沙子滑下，并最终落入幼虫的嘴里，幼虫在下面进行伪装，并张开下颚等着它们。如果猎物没有很快掉落或进行反抗，蚁狮会用其扁平的头从下方向它们铲沙弹抛，直到它们坠落到底部。在这种状态下，蚁狮能够长到约1厘米长，将可以存活两年，直到春天来临时，它们会进入蛹的阶段。

成虫具有曙暮习性（**在黎明或黄昏活跃的习性，编者注**）；在夏季它在干燥的土地上飞行，寻找并捕捉蚜虫和其他飞虫，所以它是果园和花园的好盟友。这些成虫每年只繁衍一代。它们的卵产在植物上、地上或会稍微进行掩埋。

既不是蚂蚁也不是狮子

美国亚利桑那大学生命科学学院名誉教授约翰·阿尔科克，进行了大量关于动物特别是昆虫行为的研究并撰写了大量书籍。阿尔科克在他的著作《动物进食时使用工具的演变》中指出，蚁狮使用沙子作为工具："沙粒充当一种工具，因为在它头部运动的推动下，沙粒会撞击受害者，从而滚到底部，在那里被吸食。"

对作者而言，对蚁狮在挖洞时用头作出的刻板动作的分析，为它向猎物扔沙子这一行为可能的进化起源提供了线索。根据阿尔科克的说法，那些以不同寻常的强度挖洞，并且也许在此过程中偶尔杀死几只蚂蚁，将比其物种的其他成员具有选择优势，因为它们能够捕获更多的猎物，而且吃得更好。因此，自然选择会鼓励扔沙子的行为。

来自西班牙马德里康普顿斯大学和四个意大利机构的科学家团队在伊比利亚半岛南部（马拉加、阿尔梅利亚、加的斯、韦尔瓦和哈恩）和突尼斯北部发现了一种迄今为止未知的蚁狮物种。根据这项由马德里康普顿斯大学动物学和体质人类学系研究员维克多·J.蒙塞拉特领导并发表在期刊《动物分类学》上的研究，这种新的无脊椎动物（*Myrmeleon almohadarum*）的平均长度为21.5毫米，雌性约为23毫米。科学家们研究了数十个样本，包括幼虫和成虫，这些样本具有该物种所特有的独特特征。"除了翅脉的一些特征外，成虫在前胸背板（第一胸节的背侧部分）具有独特的颜色图案"，蒙塞拉特详细解释道。在伊比利亚半岛，已知有26种不同的蚁狮。

蚁狮，
又称泛蚁蛉。

研究

工具使用的演变

第一步
蚁狮获得警报，发现猎物。

第二步
蚁狮藏在陷阱底部，通过扔沙子来使猎物坠落，使其落到底部。

特征

智慧行为

工具的使用。这种昆虫被认为是少数使用工具获取食物的昆虫之一。就其而言，使用的工具是松散的沙子。它首先在地上挖一个陷阱，然后将沙子作为武器扔向猎物，使猎物坠落，并能够吸食它们。

概况

学名：
啄羊鹦鹉（*Nestor notabilis*）

分类：
鹦形目鹦鹉科

分布范围：
啄羊鹦鹉分布于新西兰南岛。

食物：
啄羊鹦鹉是植食性动物，但作为一个机会主义者，也以花蜜、蛋、昆虫、其他鸟类的雏鸟、腐肉为食……

声音：
除了“唧唧—啊”外，啄羊鹦鹉还可以发出大量其他声音。

几年前，新西兰《星期日先驱报》报道了一则消息：一只啄羊鹦鹉从一位毫无戒心的苏格兰游客那里偷走了700美元。在休息区，受害者摇下其房车的车窗拍了几张照片，还没等他反应过来，这只鸟就飞进了他的车里，用喙叼走了放在仪表盘上的布钱包，里面装着这位毫无戒心的游客为他的假期所准备的所有的钱。

啄羊鹦鹉

啄羊鹦鹉是新西兰南岛上特有的一种鹦鹉科鸟类，尽管通过化石记录发现它过去也曾在北岛居住过。它体形庞大，呈橄榄绿色，尾臀和翼下呈鲜红色。

啄羊鹦鹉目前被认为是一种易危物种，因此啄羊鹦鹉保护基金会致力于监测其巢穴，目的是了解其种群。为此，基金会得到了一只名叫埃阿斯的边境牧羊犬的宝贵帮助，多亏了它的嗅觉，可以在树间或岩石洞里找到啄羊鹦鹉的巢穴。

啄羊鹦鹉是生活在高山气候中的**鹦鹉**，可能是高山上的严酷气温和获取食物的难度，磨炼了它的智慧。它胆子大，好奇心强，喜欢群居，生活在5～15只个体的群落中。如前所述，其通用名称（Kea）来源于它发出的叫声，一种响亮的“唧唧—啊”的声音。它在地面、树干下或冰碛的石头间筑巢。

英国自然学家大卫·爱登堡爵士将啄羊鹦鹉定义为“世界上最聪明的鹦鹉”，他或许是对的。啄羊鹦鹉最喜欢的是在飞行中玩耍和做特技。这种游戏精神和智慧使它成了滑雪场的恐怖分子，它在那里像个破坏者一样四处游荡，用其强壮的喙摧毁它路上遇到的一切：破坏挡风玻璃、雨刷器和汽车饰件，给轮胎放气，偷取电视天线，打开垃圾桶……这为它引来许多敌意，但其唯一的想法是探究和玩耍任何物体，直到它厌倦或弄坏这个东西。

啄羊鹦鹉是不折不扣的机会主义者，虽然它主要是植食性（食用近100种不同的植物）动物，但它也吃腐肉。当绵羊于1870年被引入南阿尔卑斯山脉时，啄羊鹦鹉开始首先以死羊为食，之后发展出一种新的策略，即骑在活羊的背上，同时以羊的脂肪和肌肉组织为食。这导致这种鹦鹉付出了生命的代价，有约15万只鹦鹉被消灭。目前，该种群虽然有所减少，但并没有濒临灭绝。

既聪明又具破坏性

奥地利维也纳兽医大学梅瑟利研究所的研究人员进行了一项研究，该研究发表在期刊《公共科学图书馆：综合》上，他们用六只啄羊鹦鹉来测试其解决问题的能力。这项测试包括向它们展示一个装有坚果的盒子，然后为它们提供了四种获取食物的方法：

- 拉着一根绳子。
- 使用钩状杆来打开窗户。
- 将一个小球从一种滑道上扔下去，这样食物就会掉下来。
- 用一根棍子，从一个洞中插入，推动花生，并能够拿到它。

所有的啄羊鹦鹉都以一种或多种方式获得了食物，但一只名叫克米特的鹦鹉通过了所有的四项测试。应该强调的是，这些鸟在野外不使用工具，也不筑巢，因此它们在测试中所取得的成绩具有很重要的意义，特别是在棍子测试中，克米特必须用一条腿帮助自己将棍子放进嘴里，并能够将棍子带到开口处。

西班牙动物保护部的约什 · 肯普表示，他“非常惊讶，因为我们认为这些鸟没有能力以这种方式操纵树枝或棍子等物体”。新喀鸦也参加了测试。

此外，在梅瑟利研究所，他们最近发现啄羊鹦鹉有一种邀请玩耍的嬉戏叫声，这种声音就像人类的笑声一样具有感染力。

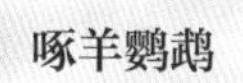

啄羊鹦鹉

研究

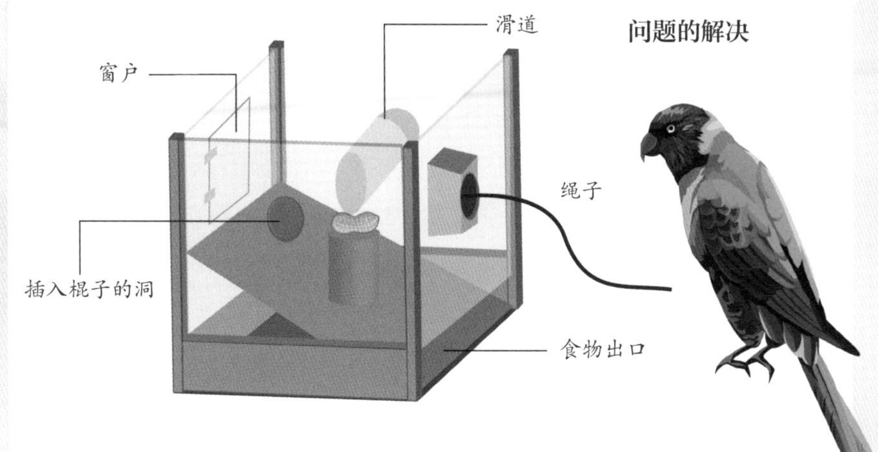

特征

智慧行为

问题的解决。啄羊鹦鹉能够应对新的情况，并成功地解决这些问题。

工具的使用。虽然在野外不会这样做，但啄羊鹦鹉可以非常有效地使用工具。

交流。啄羊鹦鹉喜欢群居，有良好的沟通能力。

白兀鹫

白兀鹫是一种体形中等的秃鹫，由于其白色的羽毛、黑色的翼羽和楔状的尾巴，它在飞行中显得与众不同。然而，在陆地上，它可能就像一只难看的、不修边幅的大母鸡；点缀在其脖子上的凌乱羽毛，及裸露的黄色的脸，为它带来一种奇特的气质。

白兀鹫的学名是*Neophron percnopterus*，来源于希腊神话。在这个神话故事中，尼奥弗隆（Neofrón）是美丽的蒂曼德拉（Timandra）的儿子，而蒂曼德拉是寡妇，也是埃及人的短期情人。*Percno*，源自perknos，含义是“黑色”，而*pterus*，意思是“翅膀”，所以这个名字的意思是“黑翅秃鹫”。

白兀鹫是一种候鸟，夏季在欧洲度过，9月和10月会迁徙到非洲。世界自然基金会和生物多样性基金会最近发现，这种鸟在萨赫勒地区过冬，特别是在位于毛里塔尼亚、马里和尼日尔之间的一个不是很大的地区。它居住在不同的栖息地，只要找到一处断崖或悬崖峭壁，它就会在那里筑巢。但是，它更喜欢陡峭的地方。通常它会产下两个蛋，一个会孵化，而另一个不会。

它的觅食技术是基于对其领地的细致勘探；它通常是第一个发现大型有蹄类动物尸体的，尽管它不得不等待秃鹫和西域兀鹫用其强有力的喙将尸体撕碎，然后再食用残骸。白兀鹫介于严格意义上的食腐和狩猎猛禽之间，保持着一定的捕食能力，因此，它偶尔可以捕捉小型脊椎动物和昆虫，了结受伤或生病的动物，吃其他鸟类的蛋，以及鱼和蟹。这种鸟类习惯于去检查垃圾堆、粪堆或屠宰场的尸体填埋场，它还会食用家畜粪便。一些牧民和猎人为避免猎物种类的捕食而使用的毒药，是造成近年来白兀鹫种群数量下降的主要原因之一，但也发现有个体被农业生物杀虫剂毒死或被电线电死。2008年，它被国际自然与自然资源保护联盟列为“受威胁物种”。

概况

学名：
白兀鹫（*Neophron percnopterus*）

分类：
鹰形目鹰科

分布范围：
栖息在欧洲南部、非洲、中东、中亚和印度。

食物：
腐肉、胎盘、粪便、垃圾、小动物，有时还吃蛋。

声音：
相当安静，尽管会啾啾叫、咯咯叫、咆哮及发出一种口哨声。

多尼亚纳生物站的一组研究人员研究了为什么白兀鹫的面部呈现这种黄色，对于这个谜团的结论是，这是由于叶黄素造成的，这是一种色素，是猛禽从鸟蛋、蚱蜢等昆虫，以及主要从山羊、绵羊、牛和其他野生有蹄类动物的粪便中获取的。据实验观察，向一组被监测的白兀鹫提供粪便作为食物，它们的面部颜色会加深。似乎具有颜色更深的黄色的白兀鹫有更高的等级地位。

聪明的秃鹫

20世纪60年代，荷兰的摄影师和自然学家雨果·范·拉维克男爵，是灵长类动物学家珍妮·古道尔的丈夫，他观察到了这些白兀鹫为了吃蛋所使用的惊人技术：如果蛋很小，它们会用喙将蛋举起，然后扔到石头上打碎，但如果蛋非常大时，比如碰到鸵鸟蛋，那么它们会拿一块石头，反复投掷，来设法打破厚厚的壳，直到蛋壳破裂。

白兀鹫

多年后，西班牙博物学家费利克斯·罗德里格斯·德拉·富恩特证明了这种行为不是后天习得的，而是与生俱来的。他在巢穴中选择了一只还不会飞的白兀鹫幼鸟，将它人工饲养在杜尔塞河峡谷的一个小院子中。他给这只小幼鸟取名为加斯珀，并准备了一项实验，该实验是制作一个假鸵鸟蛋，看看加斯珀是否能够像非洲秃鹫那样，通过向假鸵鸟蛋投掷石头来将蛋打破，尽管它以前从未见过一个这样的假鸵鸟蛋，但它成功了：这表明这种能力是该物种与生俱来的，正如在1978年的纪录片《人与地球·聪明的秃鹫》中可以看到的那样。

研究

与生俱来的鉴别能力

小的蛋	用喙举起并扔到坚硬的表面上
大的蛋	向蛋投掷石头，直到将蛋打破

特征

智慧行为

工具的使用。当白兀鹫迁徙到非洲时，会用石头打破大的蛋，例如鸵鸟蛋。众所周知，这种行为不是习得行为，而是先天行为。

概况

学名：
松鼠猴（*Saimiri sciureus*）

分类：
灵长目卷尾猴科

分布范围：
松鼠猴分布于中美洲和南美洲。

食物：
松鼠猴是杂食动物，主要吃水果和昆虫。有时也摄食坚果、花蜜、嫩芽、蛋和小型脊椎动物。

声音：
松鼠猴通过叫声与群体交流，已知有多达26种不同的声音，其中警报叫声比较突出，因为它有多个捕食者。

松鼠猴有时会与其他灵长类动物，如白额卷尾猴合作，组成奇特的混合群体，其目的显然是更好地发现捕食者，以及提高寻找食物的能力。一些鸟儿会跟随猴群，捕捉这一群体在路上捡到的昆虫。

松鼠猴

松鼠猴体形小巧，动作敏捷，外形纤细，体长在25~35厘米。雄性体重在500~1000克，这在很大程度上取决于每年的季节，因为在繁殖时期开始前的两个月，它们会在四肢、胸部、头部和肩部积累水分和脂肪。其通用名称来源于一个行为，即它们睡觉时尾巴卷曲，就像松鼠一样。

出生后的前两周，幼崽处于睡眠和被喂养的状态，主要与其母亲直接接触；此后，开始与母亲分离，由群体中的其他成员负责照顾。幼年的松鼠猴会在六个月大时独立生活。

这种来自新大陆的小型灵长类动物，身体覆盖有一层短毛，背部和四肢呈橙色，肩膀部位呈黑色或深棕色。脸部是白色的，嘴巴周围的部位和头顶呈黑色。尾巴非常长，主要用于在树枝间移动时保持平衡。在交配季节，通常雄性会积累脂肪，特别是在肩膀周围，这使得它们对于雌性更具吸引力。雌性的妊娠期大约持续五个半月，之后唯一的一只幼崽会出生。

松鼠猴习惯白天活动，它非常好动，在树梢间不停地移动，速度非常快，而且几乎听不到声音。它可以居住在不同的栖息地，甚至是那些被人类改造过的环境，只要这些猴子有茂密的植被、食物和水就可以生存。它们会组成十至几百只个体不等的群体，但其领地意识不强，且通常不会发生冲突。松鼠猴为杂食性动物，主要以水果为食，尤其是早餐，其余时间则以昆虫为食。

松鼠猴是一种相对常见的动物，但大规模森林砍伐和随之而来的栖息地丧失对它影响明显，此外，它还有许多捕食者，例如蛇和猛禽。其最大的威胁是人类，人类将这些猴子商业化，以作为宠物出售或用于医学研究，其贸易受濒危野生动植物种国际贸易公约的监管。

好动但很有礼貌

关于松鼠猴使用工具的报道几乎都是传闻，人们之前一直认为它们没有这种能力，直到美国斯坦福大学的克莉丝汀·巴克马斯特观察到，他们人工饲养的许多猴子学会了使用塑料容器进食和饮水。这位研究员说：“这些杯子被放在猴子的屋舍里，这样它们就可以操纵和玩耍，所以对杯子的使用是它们自己发现的。”而大量的猴子，57只中的39只，学会了用杯子来装食物，但它们中只有4只用杯子装水，并从里面喝水。巴克马斯特的团队每天对这些猴子进行研究，并对它们进行了几个月的录像记录，在此期间，他们观察到了212种使用该工具的行为。

“群体中的大多数猴子似乎都明白容器可以拿起和容纳食物，这实际上是一个相当复杂的想法，但这对于人类来说似乎很自然。”英国牛津大学灵长类动物考古学家迈克尔·哈斯拉姆说，“不必直接用手拿着，甚至婴儿就能移动食物、液体，这种能力是人类进化的一个关键发展进程，虽然这些松鼠猴还有很长的路要走，但仅就概念而言，它们似乎也在走一条相似的道路。”对于来自美国佐治亚大学的多萝西·法喀西来说，“故事中出人意料的部分是，猴子养成了常规这样做的习惯，所以现在它们要用杯子去收集食物，而其他个体也学会了这种行为”。

“这可能只是一种愉悦的进食或饮水方式，因为几乎所有使用工具的动物都是出于需要才这样做的，但猴子有大量的食物可供支配。”巴克马斯特总结说。

松鼠猴

研究

理解能力

猴子们带着杯子，模仿人类的行为举止。

装有食物或饮料的容器（杯子）。

特征

智慧行为

工具的使用。虽然几乎观察不到松鼠猴在野外使用工具的情况，但在人工饲养环境中，它们不必花时间觅食或抵御捕食者，它们自行学会了使用塑料杯来携带食物或水，而且这种行为已经被大多数同伴模仿，使之成了常规行为。

概况

学名：
射水鱼（*Toxotes jaculatrix*）

分类：
鲈形目射水鱼科

分布范围：
射水鱼分布于亚洲热带和澳大利亚大陆沿海地区的淡水、微咸水和咸水中。在巴布亚、新几内亚和澳大利亚北部数量最多。

食物：
射水鱼以昆虫、植物残渣、小鱼和甲壳类动物为食。

牛津大学和昆士兰大学发表在《科学报告》上的一项联合研究中详细介绍了对八条射水鱼进行的一项实验，该实验在鱼缸上方的电脑屏幕上为这些鱼展示了人脸图像。这些动物因其独特的狩猎方式而具有非常敏锐的视力，但在其大脑中缺乏与我们大脑类似的新皮质细胞，它们被示以成对的不同的脸，还为它们展示食物，射水鱼会朝成对图像中的一张面孔发射出致命的水柱，共有44张图像。这些动物在80%的情况下都能正确命中。

射水鱼

这个长着条纹的“弓箭手”是一种鱼，形状好像是被从横向压缩的三角形，呈银色，黑色条纹从背部开始一直延伸到身体中部，非常适合伪装，它可以毫无察觉地溜走。

射水鱼的大眼睛非常靠近嘴巴，这给了其良好的双眼视觉，它知道为了将由于折射引起的视觉畸变最小化，最佳位置就是在猎物的正下方。因此，射水鱼在瞄准昆虫时会考虑到光的这一特性。

射水鱼有大眼睛，适合双眼视觉；嘴巴也相当大，下颌突出。幼年个体呈现一些不规则的黄色斑块，主要在条纹间的上半部分。它在野外可以长到25厘米以上，用肉眼几乎不可能区分雄性和雌性。它是一种安静的鱼，喜欢以小群的方式游动。它生活在印度洋、太平洋和大洋洲的水域，主要是在咸水红树林河口，在那里它隐藏于树干之间，但也穿游在河流和小型淡水溪流中。成鱼通常更加喜欢独居，经常独自冒险前往珊瑚礁。它更喜欢温暖的水域，白天在水面上觅食，捕捉包括昆虫和植物物质在内的漂浮物，尽管它也会捕捉水中的小鱼和甲壳类动物。受精的雌鱼会产下近3000个卵，这些卵漂浮在水面上，仅需大约12小时就能孵化。

它的通用名称是指神话中的弓箭手：射手座。它之所以被冠以这个名字，是因其特殊的捕猎方式，即通过其口腔顶部的凹槽，喷射出一股压力水柱，使位于树枝和低矮叶子上（20～60厘米高）的猎物失去平衡；一旦猎物落到水面上，射水鱼就会迅速吞食它们。为了进行“射击”，射水鱼会抬起舌头抵住上颌，形成一根管子，然后突然闭上鳃，使液体高速喷出。水柱射程可达一米半，在自然界中一些个体被观察到可以射出达三米远的距离。此外，它能够连续发射七次，为了直接用嘴捕捉猎物，它还能在空中跳跃高达30厘米。

水上狙击手

德国拜罗伊特大学的物理学家、研究员斯特凡·舒斯特，致力于研究有助于控制相对简单行为的神经回路。他与同事佩吉·格罗利斯对射水鱼产生了兴趣，并找到了其独特的获取食物方式的答案。他们观察到，发射如此强劲且远距离操纵的水柱并不像看起来那么容易。为了产生足够的力量让水击中、击倒昆虫，这种鱼必须将能量集中到一次射击中，因此该团队训练了9条射水鱼在池塘中的特定地点射击猎物，并测量水柱的速度和力量；此外，他们还使用高速摄像机对这些鱼进行了记录。

在分析了数百小时的数据后，他们得出了结论，该结论发表在《当代生物学》杂志上，即射水鱼不断改变其嘴巴的形状，使水直接射向其猎物。通过这个动作，鱼儿在本质上改变了流动水的特性。最重要的是水柱末端的水流速度会比开始时更快。科学家们认为，通过这种方式，“鱼有目的且主动干预水的流体动力”，这就好像它在使用一种工具一样。“这与一个人使用一根棍子一样，”舒斯特说，“如果你把它扔到空中，就不是在使用工具，但如果你将棍子磨尖或清除树枝，它就是一种工具。”这可能开启了对鱼类智慧的一种新的思考方式。因为它是已知的第一种可以根据情况需求改变水柱的流体动力特性的动物。研究人员指出，这些为了使鱼在较远的距离范围内用力击中其目标所进行的必要调整，“只有‘人类所独有的’投掷能力可以与之相媲美”。“人类独特性的最后堡垒之一是人类向远处的目标用力地投掷石块的能力，”这位物理学家解释说，“这确实是一种真正令人印象深刻的能力，除其他许多方面外，还需要奇妙的运动控制。人们认为这种才能促进了人类的大脑发育，以容纳更多的神经元，从而实现这种精确度。同样的论点也适用于射水鱼。”

射水鱼

研究

积极干预

射水鱼根据猎物的距离来提高水柱末端的速度。

短距离

中等距离

距离更远，
速度更快

特征

智慧行为

工具的使用。射水鱼能够根据需要改变从嘴里射出的水柱的流体动力学特性，以捕获其猎物，这使得射水鱼被认为是一种使用工具（在这种情况下，工具是水）的动物。

记忆和学习。实验还表明，射水鱼能够识别人脸。这两个方面对人们普遍持有的观点，即鱼类是“愚蠢”或“没有记忆”的动物，提出了质疑。

其他示例

在人类进化过程中发挥过重要作用的工具，似乎也在许多动物的生活或生存中有着举足轻重的地位。我们不止一次地观察到，那些我们曾认为是人类独有的特质并非如此稀有。

但是工具的使用，更不用说制造，需要非常复杂的思维。这些动物必须依赖大自然放置在其周围的材料来解决某个问题：水、一块石头、一根棍子……为此，它们必须得出结论：工具应该具有什么形状，以及如何使用它。可以说这一定是一种不寻常的行为，但令人惊讶的是已经做到这一点的动物数量，不仅仅只是我们在概况中阐述的那些，还包括我们在此页中总结的大批类别。

海鸥
银鸥（*Larus argentatus*）
鸥形目
分布：整个北半球

蓝色松鸦
冠蓝鸦（*Cyanocitta cristata*）
雀形目
分布：北美洲

大猩猩
大猩猩属（*Gorilla*）
灵长目
分布：中非的森林

黑猩猩
（*Pan troglodytes*）
灵长目
分布：撒哈拉以南的非洲地区

科迪亚克岛棕熊
（*Ursus arctos middendorffi*）
食肉目
分布：阿拉斯加南部和邻近岛屿

食蟹猕猴
（*Macaca fascicularis*）
灵长目
分布：印度尼西亚、菲律宾、马来西亚、毛里求斯岛、巴布亚新几内亚等

棕树凤头鹦鹉
（*Probosciger aterrimus*）
鹦形目
分布：巴布亚新几内亚、澳大利亚

非洲象
（*Loxodonta africana*）
长鼻目
分布：非洲大草原

隆头鱼
隆头鱼科（*Labridae*）
鲈形目
分布：大海和大洋

凯门鳄
鳄科（*Caiman*）
鳄目
分布：美洲的热带和亚热带地区

宽吻海豚
瓶鼻海豚（*Tursiops truncatus*）
鲸目
分布：热带、温带的大海和大洋

记忆和学习

有人在自己无法记住最基本的事情，忘记一切时，就称自己只有“鱼的记忆”，这些鱼儿真的没有记忆吗？其余的动物呢？科学和研究表明，鱼儿们其实有记忆，而且它们从中学到的东西比我们想象的更多。

任何个体的生存在很大程度上都依赖于记忆。没有记忆，人类所经历的一切都不会留下痕迹，我们将无法学习说话，也无法记住自己是谁，住在哪里，什么是危险的，等等。其余的动物也是如此，它们甚至将不知道在哪里可以找到食物或区分它们的敌人。人类对动物记忆的关注与研究，是了解它在特定时刻所获得的信息如何影响未来的行为，即对先前接收到的信息作出反应的能力。

我们通常在谈论记忆时会将其当作一个整体，但科学家们已经确定几种不同类型的记忆并进行了分类。根据持续时间，可以分为短期记忆（允许我们在短时间内保留有限的信息），和长期记忆（允许我们在从几秒到数年的很长一段时间内整理并保留几乎无限的信息）。

此外，根据内容和使用方式，记忆可以是：

- 参考记忆（要求信息长期保留，这是正确使用其他新获得的信息所必需的）。
- 工作记忆（有助于决策或数学计算）。
- 程序性记忆或内隐记忆（学习与技能和能力的保持，如梳头或骑自行车，这些都是自动的，不需要有意识地执行）。
- 情节记忆（会有意识地重温特定的时刻，如当我们丢失车钥匙时，会一步一步地回忆，我们从车里出来后都做了什么）。
- 语义记忆（包含不变的信息，例如一天有多少个小时、动物名称或西哥特国王名单）。

并非所有记忆都在非人类动物身上有对应的表现。

要了解狗的记忆，我们不能要求它告诉我们它上周做了什么，或者它是否记得一年前拜访我们的那个朋友。因此，我

驴的记忆力很少被提及，但它有高度发达的记忆：即使20多年过去了，它也能认出一个地方或其他的驴。

们必须利用它给出的线索。就像当一只猫独自回家时，我们可以推断出它记得自己住在哪里。因此，动物中某种记忆的存在可以通过以下行为来确定：它们当前的行为是基于它们以前的经验或过去事件的某些方面。

关于认知的第一次试验可以追溯到1913年，这要归功于美国心理学家瓦尔特·塞缪尔·亨特，他让老鼠、狗和浣熊接受了一项简单的记忆任务。该任务由一个带有出口区的区域组成，动物们必须从中选择三个目标隔间之一，三个隔间中只有一个装有食物，且有灯光标记。这个隔间在不同的试验中会调换。

一旦动物们学会了选择开着灯的隔间，亨特就会让实验变得复杂一些。他让灯泡只亮了一小段时间，之后，动物在一段不固定的时间内被关在出口区，然后被允许在三个隔间之间进行选择。动物被关的时间越长，它们犯错的可能性就越大。老鼠可以处理的最长延迟时间约为十秒，浣熊为25秒，狗为五分。

一旦试验结束，这些信息就不再有用了，因为在下一次试验中，食物可能在三个房间中的任何一个。这种类型的记忆称为“工作记忆”。当信息必须保留足够长的时间来完成一项特定任务时，它就会发挥作用，任务完成之后最好将其删除，因为它不再被需要，并且可能会干扰下一次测试的执行。关于光和食物之间关系的信息必须在所有的试验中被记住。这种类型的记忆称为“参考记忆”。

自亨特以来，人们对动物认知，而不仅仅是动物记忆这方面，进行了大量研究，发现那些被认为是“智力低下”的动物，如绵羊、驴或山羊，也保留有短期和长期记忆。甚至连鱼的记忆不超过七秒的传说也被推翻了，而是它们能够在12天后仍然记住背景情况和相关联性。

一只名叫小步的黑猩猩以其影像记忆震惊了世界，仅仅在200毫秒的时间内它完美地记住并再现了出现在电脑屏幕上的九个数字，这是人类从未企及的。

瓶鼻海豚（宽吻海豚）在记忆力方面享有盛名。它们能记得并认出20多年未见的同类的口哨声。这与一头大象能够记住其母亲的时间长度相同。

最近还发现，狗、猫、西丛鸦、蜂鸟和老鼠拥有与人类类似的情节记忆（正如我们之前所说，情节记忆使人类能够重现过去的特定经历）。这种类型的记忆与心智的内省功能有关，因此它可能意味着这些动物拥有着某种意识。

此外，由于在了解动物记忆方面的这些进展，神经科学家们希望可以在阿尔茨海默病研究方面取得进展。

实验室中的老鼠和小白鼠被用于对阿尔茨海默病的研究。

学习

术语“学习”是指知识和技能的获得；“记忆”是指对该信息的保留。这两个过程密切相关。我们只能通过观察一个人后来是否记住了来确定他是否已经学到了东西；只有我们储存了关于其数据的信息，我们才能记住这一情节。很明显，没有记忆，学习是无法产生的。

21世纪以来，人类在这方面进行了大量的实验，得出的最奇怪的结论之一是，动物学习的速度与其脑化指数（通过计算脑质量与其身体质量的相对大小，对智力的近似估计）之间没有关系。也就是说，老鼠和人类在学习走出一个复杂迷宫的速度方面没有区别；事实上，这虽然并不容易解释，甚至存在一种反比关系，即动物的脑化指数越低，它学习简单任务的速度就越快。

这方面的一个例子是绿蜥蜴的能力，它不仅能够辨别颜色，而且还能“忘记”这种行为，而这对于某些哺乳动物来说，这项任务有时也很复杂。如果我们观察自己的生活，我们一定会意识到，我们在一生中，以许多不同的方式学习，其他动物也是这样做的：通过尝试错误法（卷尾猴、鸽子、蚂蚁）、心智地图（候鸟、蜜蜂、老鼠）、习惯化（城市动物习惯于交通噪声）和理解（类人猿）等进行学习。

人们还知道，鸣禽的鸣啼不是本能，而是通过模仿其同类而学会的。鸣叫声包含多种音节，这些音节以特定的顺序排列。就像人类婴儿的咿呀学语一样，幼鸟最初会发出大量杂乱无章的音调，但经过数千次的练习，它们就能掌握其父母叫声的音节和节奏。

蚂蚁能够记住它们以前走过的路，以便可以辨别方向并返回其巢穴。这样，即使其同伴离开，信息素的踪迹因下雨而丢失，也没有任何一只蚂蚁会迷路。

每种物种都有一种最明显的学习方式，这取决于其认知能力，由生活的环境和需求决定。例如：鼹鼠对光的反应与红毛猩猩的反应是不同的。因此，要设计出对于不同物种具有相同困难度，并能够真正衡量它们学习能力的任务是非常困难的。这时野外调查开始发挥作用了，通过观察动物在其自然环境中的行为，以便能够真正地了解它们。

似乎研究人员正在取得结论，人类和其他动物的记忆和学习之间存在的相似性比以前认为的要多。尽管我们很难承认这一点，但在某些方面其他动物超越了人类。

波多黎各安乐蜥依靠使用不同的颜色来记住哪里有食物。

概况

学名：
波多黎各安乐蜥（*Anolis evermanni*）

分类：
有鳞目变色蜥科

分布范围：
波多黎各安乐蜥主要分布在波多黎各。它更喜欢高海拔区，但也可见于平原区。

食物：
波多黎各安乐蜥主要以昆虫为食，但也吃蜘蛛、蚯蚓、蜗牛或水果。

声音：
波多黎各安乐蜥在捍卫自己的领地时，会发出高亢的吼叫声和鸣叫声。

虽然似乎并不常见，但人们观察到波多黎各安乐蜥以植物汁液和花蜜为食，因此它们可以作为传粉者发挥重要作用，帮助森林再生。

波多黎各安乐蜥

波多黎各安乐蜥是一种原生物种，树栖性，有尖锐的爪子和宽大的趾头，生活在森林地区的棕榈树上和竹茎中，从平原到山脉地区都有。

一些种类的安乐蜥已经成为时尚宠物，但它们需要大量的照料：带有紫外线和装饰（木头、树干、树叶）的大型玻璃容器，平均温度在18～24℃，湿度为70%。

不算尾巴，雄性体长约七厘米，而雌性只有不到五厘米。两者都有扁平的身体和头部，尖尖的口鼻部和长有大脚趾的短腿。其特点是有天鹅绒般的绿色，尽管它与变色龙没有关系，但当它感觉受到威胁或压力过大时，能够改变颜色，甚至变成几乎类似于黑色的深褐色。雌性既没有雄性那么多颜色，也不像雄性那么引人注目。

它主要以昆虫和其他无脊椎动物为食。其捕猎策略包括一动不动地观察而不被发现，当猎物靠近时，扑向、捉住猎物。它有许多天敌（因此它须伪装），其中包括蛇、鬣蜥、猫鼬和各种鸟类。它是一种相当有领地意识的物种，当遇到一个潜在的竞争对手时，它会展开其颈皱，伸出舌头并摇动尾巴。如果这还不能阻止敌手，就可能会开始一场战斗，在这场斗争中双方将会推搡和撕咬，直到被打败的一方撤退。当这些蜥蜴战斗时，它们会发出高亢的吼叫声和鸣叫声。雌性会在落叶或岩石下产下仅一个卵，繁殖周期通常与雨季一致。有传闻说，看到这种动物预示着好运，而杀死或踩到它则带来不祥之兆。

能学能记的爬行动物

美国北卡罗来纳州杜克大学的研究人员进行的一项测试表明，这些蜥蜴能够像鸟类或哺乳动物一样解决问题。测试结果对人类所坚持的一种观念提出了挑战，该观念是：爬行动物的认知能力是有限的，它们寻找食物的方法亦如此。根据杜克大学的生物学家和该研究的主要负责人曼努埃尔·利尔的说法，这些动物成功通过在理论上为鸟类设计的测试，是“完全出乎意料的”。

利尔在看到几只麻雀在试图吃一条蚯蚓时，移动了一个盖子后，想到了这个实验。在那一刻，他想知道蜥蜴是否也能做到这一点。首先，爬行动物遇到一块木块，木块上面有两个被盖子盖住的洞：一个是蓝色的，里面有一条蚯蚓，另一个有黄色的边框，是空的。六只蜥蜴中有四只通过了测试，它们通过咬住盖子进行移动，或是向外推开盖子，而且，它们比鸟类少做了三次尝试。

在蜥蜴学会了识别颜色后，实验者决定将蚯蚓放在另一个盖子的下面。起初，所有的蜥蜴都撞开或咬住之前为它们提供食物的蓝色盖子。然而，在犯了几次错误之后，其中两只蜥蜴明白了这一变化，并想出了解决办法。

该测试表明，蜥蜴不仅能够学习解决一个从未遇到过的问题，并在事后记住它，而且它们能够“忘记”一种行为，这是对于一些哺乳动物来说可能难以掌握的技能。

波多黎各安乐蜥

研究

理解能力
用比鸟类更少的尝试次数，六只波多黎各安乐蜥中的四只以一种复杂的行为获得了食物，它们中的两只随着情况的变化而作出了改变。

特征

智慧行为

记忆和学习。波多黎各安乐蜥有能力学习一种行为，也有能力“忘记”这种行为。

问题的解决。波多黎各安乐蜥可解决它们从未遇到过的情况。

山羊

根据在伊朗发现的化石遗骸，这种动物是最早被驯化的反刍动物，大约是在一万年前，这也就解释了它与人类关系良好的奥秘。关于山羊的传说充斥着神话，人类甚至最终将它变成了恶魔的化身。

山羊非常敏捷，它的腿适合在陡峭的地形上移动，是一个优秀的攀登者。这些特点使它能够生活在难以进入且陡峭的地形中，免受许多捕食者的侵害。

山羊对饮食要求并不高，它几乎吃任何的植物，这取决于该地区的情况，从草料到荆棘、带刺灌木、杂草、树叶（用后腿站立以够到更高处的树枝）……甚至是纸！

雄性被称为公山羊，拥有比雌性更大的角。当它还在吃奶的时候，幼崽是山羊羔，之后被称为小山羊。雌雄两性都有胡须，尾巴短，通常有一些肉质的附着物挂在其喉咙上，被称为乳头状突，显然这些附着物没有任何功能。山羊是反刍动物，所以它有四个胃，消化食物分为两个阶段：首先是进食，然后进行反刍，包括将半消化的物质反流，再次咀嚼使其磨碎，并混入唾液；此外，所有反刍动物（牛、绵羊、山羊和鹿科动物，以及长颈鹿）的上颌都没有门齿。

人们饲养山羊主要是为了获取羊奶（主要用于生产奶酪），以及它的肉和皮。山羊奶是人类最早食用的动物奶。世界上大约有4.5亿只山羊，大部分是在亚洲和中东，1493年由意大利航海家克里斯托弗·哥伦布带到了美洲。有些品种是专门为生产羊毛而培育的，例如原产于土耳其的安哥拉山羊，或来自喜马拉雅地区的克什米尔山羊。这种动物被列为世界上最具危害性的100种外来入侵物种之一。

概况

学名：
家山羊（*Capra aegagrus hircus*）

分类：
偶蹄目洞角科

分布范围：
除极端气候外，家山羊几乎分布在世界的任何地方。过高的湿度会对它们造成伤害。

食物：
家山羊主要以草和灌木为食，即使是有刺的。它们会避免吃有香味的植物。

声音：
根据最近的研究，家山羊可以发出不同音调的咩咩叫声。

2012年进行的一项研究表明，母家山羊在分离后的一年多时间里，仍能记住其幼崽的声音。这种行为并不罕见，因为它们是生活在具有复杂社会关系群体中的动物，所以长期的识别很重要。平均而言，一只家山羊的产奶量相当于其体重的13倍；一头牛的产奶量是其体重的五倍，而一只绵羊的产奶量是其体重的三倍。没有其他动物可以按比例生产如此多的奶：每年600升，如果是经过选育的，则可高达1200升。产奶最高纪录是由一只家山羊保持的，它在一年内的产奶量超过了2200升。

“像一只山羊一样”也不是那么糟糕

英国动物行为学家克里斯蒂安·纳瓦罗斯是伦敦玛丽女王大学的研究员，他的职业生涯开始于研究类人猿，但很快他就对牲畜产生了兴趣，虽然它们鲜为人知，但同样很有趣。2016年，他在《生物学快报》上发表了一项研究，证明了山羊也会分析人类来寻找线索。当接受过开箱训练的山羊面对无法打开的箱子时，它们会看着训练员的脸来寻求指导。

在发表在《动物学前沿》上的另一项实验中，英国研究人员布里弗、哈克、巴希亚多纳和麦克艾丽戈特，发现山羊能够快速完成复杂的任务，并能长时间记住。为此，他们训练了十几只山羊来解决一项练习，该练习包含两个步骤：首先，它们必须用其嘴唇或牙齿，通过拉动绳子抽出杆子，然后用鼻子抬起这个杆子，让食物落下。大多数山羊，12只中的九只，学习并成功完成了任务。经过长达十个月的时间间隔后，它们再次面对这个问题，在两分钟内就解决了，这表明其长期记忆力非常好。

山羊，
分为家山羊与野山羊。

研究

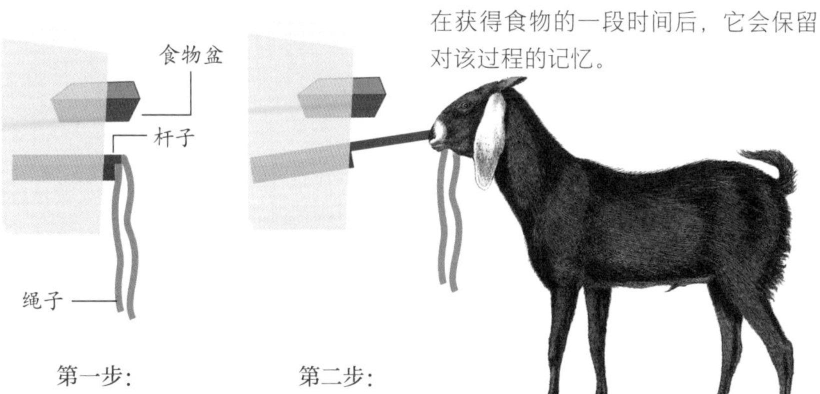

复杂的解决方法和记忆
在获得食物的一段时间后，它会保留对该过程的记忆。

特征

智慧行为

记忆和学习。山羊有很强的个体而不是社会学习能力，拥有出色的长期记忆力。

问题的解决。山羊可以像一些猴子一样解决问题。

适应性。山羊具有很强的适应能力，被认为是100种最具危害性的入侵物种之一。

概况

学名：
原鸽（*Columba livia*）
欧鸽（*Columba oenas*）
斑尾林鸽（*Columba palumbus*）

分类：
鸽形目鸠鸽科

分布范围：
除南极洲和北极地区外，鸽子遍布世界各地。

食物：
鸽子是一种植食性鸟类，以不同的水果和各类种子为食，如玉米、小麦、大米、燕麦、豌豆、向日葵等。在城市中，它食用人类的食物残渣。

声音：
鸽子发出通常是哀伤的咕咕声，重复时音量略有提高。

有些信鸽非常有名。例如G. I. 乔（1943年3月24日—1961年6月3日，生于阿尔及尔卒于底特律），它因在美国陆军信鸽团服役而出名。在第二次世界大战中，它拯救了意大利小镇卡尔维韦基亚的居民和英国军队的生命。它在20分钟内完成了30千米的飞行，及时赶到，阻止了正在预热发动机而准备起飞的轰炸机。1946年11月4日，它在伦敦塔被授予迪金勋章，以表彰其英勇行为。

鸽子

鸽子的名声不好，被称为“长着翅膀的老鼠”。它会在垃圾桶里扒来扒去，用其粪便污染城市，在筑巢方面很笨拙，且在某些地区被认为多得成灾。但它也被视为和平的象征，并作为信使忠诚地服务于人类。而且它比看起来有更多的技能。

它是一种体形中等的鸟，身体健壮，头小，不用抬头就可以喝水，用喙啜饮。幼鸽或雏鸽以“鸽乳”为食，这是一种从嗉囊中产生的高营养分泌物。经过育种和训练的鸽子被称为赛鸽。

除了出色的视力和方向感外，它还是速度最快的鸟类之一，能够超过55千米/小时。它可以识别同一物种的个体，同样也能够通过面孔来区分人。它能按照从大到小的顺序计算和放置图像，区分字母或凡·高、毕加索、莫奈和夏加尔的画作，以及在至少一年的时间内学习和记住1000多幅图像。就像西班牙诗人拉法埃尔·阿尔维蒂的诗句里所说的，它几乎不犯错。主要有四类鸽子：生活在悬崖和山上的原鸽、居住在森林和大型公园里的欧鸽、斑尾林鸽和野鸽，城市鸽子属于一种野鸽，是原鸽的后代。然而，得益于自古以来的育种，现有数十个品种。

人类通过信鸽传递消息是利用了这种动物的迁徙本能，信鸽源自原鸽，自古希腊（宣布奥林匹克运动会获奖者的名字）或埃及（传递尼罗河的洪水量）起就被用来传递消息。在两次世界大战期间，信鸽被用来传递通过间谍获得的信息，方法是将加密的文件卷起缠在其腿上，它就会穿过敌方阵地将文件送达。这种鸟如何辨别方向仍然是一个谜。人们认为它会利用各种元素，如太阳、星星、磁场、地理特征、天气等，并构建其物理环境的心智地图，因为它有出色的空间记忆力。一些科学家认为，在其身体某处，可能是在它的喙中，有磁感受器，鸽子用这些感受器来探测地球的磁感应强度，磁感应强度随纬度而变化。

几乎不犯错

西巴黎南泰尔拉德芳斯大学的神经科学家和动物交流专家达莉拉·博韦的团队证实，城市鸽子能够识别具体的人，很显然是通过记忆面部特征。为此，两名非常相似的女研究员，但每个人都穿着不同颜色的工作服，在巴黎的一个公园里与鸽子进行互动。其中一人喂食它们，而另一人威胁并赶走了它们。重复多次的实验表明，鸽子认出了两位科学家，并避开了第一天赶走它们的那人，即使这位科学家不再这样做了。实验过程中交换实验服并没有使鸽子感到困惑，它们继续避开了最初怀有敌意的研究人员。这种引人注目的能力可能是在鸟类与人类长期交往的过程中形成的。

美国艾奥瓦州立大学的科学家们在《认知》杂志上发表了一项研究，在该项研究中几只鸽子用它们的喙通过在电脑上按下符号的方式，将128张照片分为了16类（儿童、瓶子、糕点、汽车、饼干、狗、鸭子、鱼、花、帽子、钥匙、笔、电话、鞋、树和平面图）。它们不仅学会了正确回答，而且还能够对新的照片进行分类。艾奥瓦州立大学和加利福尼亚大学戴维斯分校进行的几项实验发现，经过适当的训练，鸽子可以帮助识别癌变的乳房组织。这项由美国病理学教授理查德·列文森领导并发表在期刊《公共科学图书馆：综合》上的研究，包括向八只鸽子展示144张图片，之后这些鸟必须根据这是健康组织还是病变组织按下蓝色或黄色键。成功率为99%。

鸽子，
分为原鸽、欧鸽、斑尾林鸽等。

研究

按类别分类
鸽子有能力将内容与视觉图像联系起来并进行分类。

特征

智慧行为

记忆和学习。鸽子拥有出色的地形记忆，能够识别和区分人脸，计数，并学习和长期记忆物体。

问题的解决。鸽子通过适当的训练能够解决问题。

适应性。鸽子适应性极强，几乎已经习惯于生活在世界的任何地方和所有类型的栖息地。

概况

学名：
家驴（*Equus africanus asinus*）

分类：
奇蹄目马科

分布范围：
驴分布广泛，几乎在世界任何地方都能找到，不过它更喜欢温暖、干燥的气候。

食物：
驴是植食性动物，主要吃草，其牙齿在一生中都不会停止生长，它们必须通过不断咀嚼来磨牙。

声音：
驴叫的声音很大，在三千米以外的地方都能听到其声音。

骡子是由驴和母马杂交而产生的杂交不育种。体形大且非常坚韧，已被广泛用于运输和翻动耕地。骡子有驴的身体和马的四肢。如果是公马和母驴之间的杂交，虽然这种情况并不常见，因为分娩很困难，会生出一只驴骡，也是不育的，有马的身体和驴的四肢。这些杂交品种的培育是为了将马的体形和速度与驴的耐力、温顺和聪明相结合。驴也能与斑马杂交。

驴

驴、毛驴、驴驹是对这种以固执著称的马科动物的不同称呼。关于它的起源有许多争议，但似乎来自两个分支：一个起源于北非，另一个起源于西南亚。在欧洲，最早的驴的痕迹出现在公元前15000 ~ 前11000年的拉斯科洞窟（多尔多涅）和三兄弟洞穴（阿列日）的壁画中。

"驴"一词来自拉丁语asinus，而指定其属和种的术语Equus africanus，字面意思是"非洲马"。驴和驴驹也源自拉丁语burricus，意思是"小马"。

作为驮畜，**驴**是古代丝绸之路的**一部分**，当经过有野驴的地方时，它与野驴杂交，产生了不同的品种。由于这个原因，其在体形和毛色方面有很大的不同。驴首次出现在新大陆是在1495年，当时克里斯托弗·哥伦布在他的探险队中带了四头公驴和两头母驴。

驴可以生活在沙漠气候中，比马更能抵御高温和干旱；在饮食方面它也更适度、更有节制，它更听话、温顺、勤劳、安静。它能更好地抵抗疾病，且具有更长的预期寿命。它精力充沛，抗疲劳，在工作中非常坚韧。由于所有这些原因，它一直是帮助人类完成最艰巨任务的不可或缺的动物，例如耕地、转动水车、运送人员或搬运最重的货物。从身体上看，它与马的不同之处主要在于它的耳朵长、鬃毛少、尾巴不长且毛量少，而且它的蹄子更小；此外，驴只是为了逃跑、玩耍或取水而奔跑，所以不需要马蹄铁。自20世纪以来，驴在发达国家的使用开始越来越少，这导致它面临灭绝的危险。然而，驴的许多品质促使这些动物被用于其他任务，如今会用它们进行阿斯诺疗法（用驴辅助治疗）、开垦土地，由于它们强有力的踢腿和啃咬，甚至被用于保护家畜免受狼群的攻击，还有用它们响亮的驴叫作为警报声。其固执的名声可能源于它的智慧，因为如果它觉得自己处于危险、害怕或怀疑之中，驴的选择是保持不动，几乎不可能强迫它移动，而马则会抬起前腿，飞奔而去。

它的智慧使它如此固执

关于驴的认知的研究几乎没有，这一事实鼓励了意大利比萨大学动物行为学家巴拉利、保莱蒂、维塔利和西格耶里对驴的短期记忆进行了一项研究。为此，该团队选择了八头母驴，并设计了一个区域，在该区域内有各种测试，在这些测试中食物出现后又消失了。这些驴必须在一段时间后仍然记得食物是被藏在哪个障碍物后面。四头驴只用了十秒就完成了任务，而另外的四头驴则需要30秒。成功率非常高，因此动物行为学家说，尽管眼神接触缺失，但驴仍能够学习并记住隐藏物体的位置。

西班牙科尔多瓦大学动物行为学教授马里亚诺·埃雷拉对这些能力并不感到惊讶，他也对“驴的敏感性和智慧”深信不疑。就像狗一样，“驴能读懂人的感受，知道他们的内心状态”，埃雷拉指出，他认为对这些动物的行为学，即其性格和行为的研究是至关重要的。

虽然行动缓慢，行为稳重，却非常聪明。

特征

智慧行为

记忆和学习。驴拥有良好的短期记忆，学习速度快。

适应性。驴自身需求非常低，所以只要天气条件不极端，它们几乎可以适应任何栖息地。

概况

学名：
野马（*Equus ferus caballus*）

分类：
奇蹄目马科

分布范围：
除了在非常极端的气候下，马几乎在世界任何地方都陪伴着人类。

食物：
马是一种植食性动物，主要以草料、干草和稻草为食。也食用谷物，如玉米、麸皮或燕麦。

声音：
马以不同的音调嘶鸣，以吸引注意力或凸显自己的存在。在沮丧、害怕或面对新奇事物时，会大声喘息或用前蹄刨地，而在惊恐的情况下会呼吸急促。

“聪明的汉斯”是一匹德国马，它在一个世纪前成名，因为它显然掌握了多种算术运算，例如加法、减法、除法、求一个数字的平方根等。如果被要求用三乘以三，汉斯的回答是用它的蹄子敲击地面九次。然而，德国心理学家奥斯卡·芬格斯特意识到当其饲养员不在场时，它就会出错。芬格斯特进行了各种测试，发现汉斯会解读其主人的表情，当动物发出正确的敲击次数并需要停下来时，它的主人会无意识地放松并抬起头。

马

马代表着高贵，长期以来一直是人类杰出的运输工具。迄今为止已知最早的属于马科的样本是5500万年前的始祖马，它生活在北美洲，似乎是从那里迁徙到了欧亚大陆。

Caballus，源自“马”这个词，含义是“阉割的马”。就其本身而言，“母马”来自*equa*，是*equus*的阴性词。幼年的这些动物通常被称为*pullus*（幼兽），这个词的词源是*pullitri*，它派生出了“小马”或“小马驹”。

马这一物种一直在进化，直到冰河时代，它从美洲大陆上灭绝了。过了很长时间，马才回到了美洲：当时有16匹马，它们是随着西班牙探险家埃尔南·科尔特斯的远征队抵达的。马进化成了四种基本类型：森林种，头部和蹄子都很大，属于挽马；高原种，体格更小，小而坚韧的蒙古马就来自于此；草原种，相当敏捷，繁育出了东方品种，如阿拉伯马，它是纯种马的祖先；冻原种，矮而重，如来自极地地区的雅库特马（西伯利亚）。根据最近的研究，这种动物的首次驯养发生在大约5500年前，在现在的俄罗斯、乌克兰和哈萨克斯坦的草原上。后来，习惯了人类存在的马与当地的野生种群杂交，并扩散到了欧洲和亚洲。马的驯化改变了人类祖先的生活方式，从农业到战争，再到运输方式。

马的牙齿不断生长，在马的门牙和前臼齿之间有一个间隙，这是放置马嚼子的地方。像所有的植食动物一样，它的眼睛位于头部两侧，覆盖了几乎360°的角度。然而，由于同样的原因，这些动物无法看到其嘴巴的正前方，所以每当我们接近它们时，最好从侧面靠近，以免吓到它们。马的嗅觉非常灵敏，对死亡的气味深恶痛绝，甚至拒绝在路边经过，因为其本能告诉它，有尸体的地方就有可能有捕食者。

改变了人类的生活

由意大利学者保罗·巴拉利领导的比萨大学的一个科学家小组决定用12匹马在四种不同的条件下（遮盖镜子、露出镜子、拟像和标记）进行镜像测试，他们对这些马逐一测试并记录在视频上。马对反射的图像作出了明显的反应，会探索镜子。然而，当在它们的脸颊上做一个彩色的标记时，只有两匹马作出了回应，想要将标记擦掉。根据研究者的说法，这些结果并没有明确这些动物是否能够在镜子中认出自己，但“这根本不意味着它们没有自我意识”，巴拉利说。

美国加利福尼亚州的非营利性组织——马匹研究基金会的主席和联合创始人伊夫林·汉吉，多年来一直在研究马的智力。在她的中心已经进行不同的测试，证实了马会学习辨别不同的形状和物体；此外，它们能够在间隔十年后记住所获得的所有概念，在此期间它们并没有接触过这些测试，这表明它们拥有出色的长期记忆。这使得它们能够记住积极的和消极的事件，这在训练和治疗这些动物时非常重要。正如汉吉所解释的那样：“马的能力远比人们以为的要强得多。需要注意的是，在野外，它们面临着重大的挑战，例如寻找食物或优质水源、逃离捕食者，以及在社会系统中它们必须了解和记住每个群体成员的角色。”

英国萨塞克斯大学的一项研究表明，这些马能够通过其脸上的表情来区分一个人是高兴还是生气。当面对生气的表情时，马更多地通过其左眼来看，它们的心率也增加了。

研究

辨别形状和物体

长达十年后，它们还记得自己所学到的东西。

特征

智慧行为

记忆和学习。马能够辨别不同的形状和物体，具有出色的长期记忆。

适应性。马是一种能够生活在完全不同的栖息地的动物。

概况

学名：
家猫（*Felis silvestris catus*）

分类：
食肉目猫科

分布范围：
除南极洲外，猫几乎分布在世界上任何地方。

食物：
猫是肉食性动物，即使吃饱了也喜欢捕食，尤其是鸟类、小型爬行动物和啮齿动物。偶尔也可以吃草和其他植物，来帮助它们改善消化系统，并为它们提供肉类所缺乏的维生素。

声音：
猫可以发出超过100种不同的声音，主要是喵喵声、咕噜声、鼻息声、口哨声或嘶嘶声，而且所有声音都有多种变音。

猫咪踩奶（用其前爪做的动作，就像在按摩一样）有两个原因：其中一个是它们学会了在吃奶时，在其母亲的胸前做这个动作，这样就会有更多的乳汁流出；另一个原因是当踩奶时，猫会发出信息素，信息素会留下领地的标记，从而确保我们清楚地知道那个垫子，或者你的肚子，是属于它们的。当猫用脸摩擦你的腿或其他任何东西时，它们并不是在释放爱意，而是通过用浸渍气味信息来标记其领地。

猫

家猫已经陪伴了人类数千年，与狗一起，是世界上备受欢迎的宠物。据信它在大约1万年前开始从其野生祖先中分离出来，并在公元前4000年被埃及人驯化，是为了防止老鼠进入他们的粮仓。对他们来说，猫是一种神圣的动物。

*Catus*源自拉丁语，指的是猫，而*Felis*指猫属。猫咪一生中有三分之二的时间都在睡觉，而三分之一保持清醒的时间是在梳洗。

猫有非常独立的性格，这就是为什么说它是它自己的主人，人类只是和它生活在一起，它是人类的爱宠，但猫只有在需要食物或爱抚时才会跑过去找人类。它的夜视能力非常好，尽管不能完全确定，但据信它可以探测到近红外线（光谱中波长最短的光线，介于可见光和中红外光之间，在800～2500纳米），利用这个能力，在夜间狩猎时，它会被另一个躯体散发出的热量而不是动作所吸引。它的视野是200°，比人类的180°要更广，能区分一些颜色（红色或粉色除外），但它感知这些颜色不如人类的感觉那样鲜艳或饱和。它需要强大的听觉才能在黑暗中捕猎，所以其听觉比人类高两个八度，并且能够感知次声。猫咪拥有感觉毛，就是在上唇、脸颊、眉毛和下巴上的一些敏感毛发，这使它可以探测到空气中的变化，从而无须看到就知道前面是否有障碍物。根据对红外摄影的研究发现，猫咪还使用这些敏感的毛发来判断猎物是活是死。

这种动物的狩猎本能高度发达，即使吃饱了，它也很可能再去抓住小鸟、蜥蜴或老鼠，然后把它们带给主人，据信这样做的目的是建立情感联系、表示感谢和为群体作出贡献。由于这种行为，它在一些国家被认为是一种“灾害”，因为它可能对濒危物种非常有害。为此，一些主人选择为它戴上一个铃铛，这样猎物就可以察觉到它的接近而逃走。国际自然保护联盟将它列入了最具危害性的100种外来入侵物种名单。

家养，但独立

在京都大学所进行的一项研究，被发表在期刊《行为过程》上，该研究测试了49只家猫的记忆能力。在第一个实验中，小猫被带到四个装有食物的敞开容器前，允许它们在这里从其中的两个容器中取东西吃。之后，猫咪们离开了15分钟，所有的容器都被换成了空的；当猫咪们再次回到房间时，它们被允许探查这些容器，它们对之前没有碰过的容器给予了更多的关注。在第二个测试中，两个容器里有食物，第三个容器里是一个不可食用的物体，而第四个容器是空的。猫咪们被允许从其中的一个容器中取东西吃。再停顿15分钟后，这些猫科动物首先到了剩余装有未食用诱饵的容器前。研究者之一的高木佐保表示，“猫和狗一样，它们会使用来自过去单一经历的记忆，这可能意味着它们有类似于人类的情节记忆。这种类型的记忆被认为与心智的内省功能有关，因此我们的研究可能表明猫有一种意识类型。”

在一项对犬科和猫科动物的智力测试中，美国密歇根大学心理学教授梅尔博士和美国自然博物馆动物行为专家施内尔拉博士比较了狗和猫的记忆力。他们给两种动物都展示了大量的盒子，并为它们指出食物只能在上面有灯的盒子下找到。训练完成后，研究人员将灯短暂地打开。然后，为了测试动物的记忆力，研究人员在一段时间内不让它们靠近盒子。犬类的记忆持续时间不超过五分钟。然而，猫在16小时后重新回到了正确的盒子旁，它们表现出了比红毛猩猩更强的记忆能力。

特征

智慧行为

记忆和学习。研究表明，猫的记忆力很好，甚至优于狗。它们像人类一样通过观察、模仿和试错来学习。

日本猕猴

这种猕猴也被称为“红脸猕猴”或“雪猴”，是日本唯一的本土猴子。它也是除人类外，生活在最北部地区的灵长类动物，居住在日本列岛的森林和山地中。此外，50多年前美国得克萨斯州引入了一个种群，这一种群在那里定居并成了野生动物，适应了干旱的气候。

日本猕猴幼仔由父亲和母亲共同照顾，后者负责它们的教育。如果母亲死亡或遗弃了它的幼仔（这可能发生在第一次做母亲的情况下），幼仔会被另外一只有关系的雌性猕猴收养，并当作自己的孩子。

日本猕猴中等体形（雄性体长60厘米或70厘米，雌性略小），它很好地适应了列岛大部分地区在冬季出现的低温，这就是为什么它的身体上覆盖着厚厚的棕色毛，面部除外，手掌、脚底和臀部这些部位有大量的血管（因此呈红色），可以保暖。它的尾巴非常短。

它是一种陆生猴子，总是生活在树木附近，它的主要食物都是在那里获得的，包括绿叶、水果、树皮和树根。它是优秀的游泳选手，这在灵长类动物中很罕见，这使得它能够在日本开拓新的领地。日本猕猴在白天活动，会组成多达200只个体的群体，具有由雄性领导的等级组织；雌性保持着自己的继承等级制度，由母亲传给女儿。这些猴子通过互相驱虫和分享食物建立情感纽带。它们没有天敌。

日本猕猴是一种非常聪明的动物，已经找到抵御低温的完美方法，当所生活地区的温度降到–15℃时，它们会浸泡在温泉中。据信，这种惬意的生活习惯始于20世纪60年代，当时一只雌性猕猴进入了一处温泉，以取回掉入水里的一些种子……它在那里停留了很长时间，享受着温暖。很快，其他同伴也加入了它的行列，它们模仿着这种行为，直到多年后，成为一种习惯。

概况

学名：
日本猕猴（*Macaca fuscata*）

分类：
灵长目猴科

分布范围：
这种猕猴原产于日本，在美国得克萨斯州有一个种群于1972年被引入，该种群在灵长类动物观察站中以半自由状态生活着。

食物：
日本猕猴主要以水果、树皮、种子、花、花蜜、嫩叶和成熟叶为食。它还可以吃真菌、无脊椎动物和鸟蛋。

声音：
日本猕猴发出宽频率结构的谐波声。有些是为了保持群体的团结，巩固成员之间的关系；其他是为了警告或平息两个同类之间的攻击性冲突。甚至，根据它们生活的地区，会有某些独特的声音作为“方言”。

2011年3月的日本福岛核事故已经致使猕猴的机体出现异常。东京大学的研究人员对居住在距福岛70千米处的一群灵长类动物进行的一项研究发现，猴子们的白细胞和红细胞密度偏低，还有肌肉组织中的铯浓度偏高，这可能会影响它们自身的免疫系统。

很有文化的猴子

除了在天气变冷时去泡温泉的习惯外，日本猕猴还以在海水里清洗食物而闻名。这一切都始于1952年，当时幸岛日本猿猴中心的生物学家们正在研究这些猕猴，他们观察到一只名叫伊莫的幼年雌性猕猴带着他们分发给猕猴的红薯走近海滩，并将红薯放在海水中清洗。人们认为这种行为最初是偶然的，但伊莫发现由于海盐的作用，食物变得干净且更加美味了，于是在吃之前，开始将它在岸边发现的所有红薯先清洗干净。渐渐地，这种习惯在与先行者同龄的幼年猕猴中传播开来；然后母亲们开始这样做，虽然雄性猕猴最初并不参与，但清洗红薯的习惯逐渐普及所有猕猴。一些猕猴后来游出了岛，加入了其他群体，它们可能将这种新的“文化”带到了那里，因为这是一种习得的社会传统，会从一个个体传给另一个个体，代代相传。两年后伊莫（人类以它为名在岛上的入口处竖起了一座雕像）还意识到麦粒也可以清洗，但有一个特点：麦粒会漂浮起来，从而与沙子分离，所以只需要等待一段时间，就能拿到干净的食物，这种行为也已经变得很普遍。最近的情况是，温泉湖里的日本猕猴正在开发一项被近几代猕猴模仿的新技能：最年轻的猕猴为了从湖底收集游客扔出的黄豆，正在学习潜水。如果这种行为普及，它们可能会成为极少数的潜水猿类之一。

日本猕猴

研究

百猴效应

学习与传播

一只猴子洗红薯

两只猴子洗红薯

五只猴子洗红薯

一百只猴子洗红薯

特征

智慧行为

记忆和学习。通过模仿迅速学习行为，这种模仿在整个种群间不断传播，这就可以表明一种文化。

交流。日本猕猴是一种高度群居的猴子，具有强大的交流能力；众所周知，它能够区分熟悉的人和陌生人的声音，也能仅凭声音就认出自己的幼仔。通过发声来识别个体对于这种灵长类动物来说非常重要。

适应性。日本猕猴的适应能力已经在得克萨斯州引入的种群中得到了证明，在这个地方这些猕猴必须适应与雪山截然不同的气候。在那里，它们学会了避开多种捕食者（郊狼、猛禽和蛇），以及觅取新的食物，如仙人掌果实或牧豆树的种子。

概况

学名：
绵羊（*Ovis orientalis aries*）

分类：
偶蹄目洞角科

分布范围：
除了在非常极端的气候下，绵羊几乎在世界任何地方都陪伴着人类。

食物：
绵羊是一种植食性动物，偏爱短纤维植物，会避开木本植物。它能很好地适应单一种植的牧场地区。

声音：
家羊发出的声音有咩咩声（每一个体不同，用作联系、表示沮丧或不耐烦时的叫声）、咆哮声（在产羔期间）、鼾声（在求偶期间）和喘粗气声（表明攻击、警告或惊讶）。

英国伦敦大学的科学家们已经验证动物行为学家们多年来一直确信的事情：羊群的运动不是随意的，而是对“利己主义”动机的反应。他们在绵羊身上安装了GPS发射器，并由一条狗协助将羊群赶往特定方向。每只羊都表现为被羊群中心强烈吸引，以远离危险地带，而羊群表现为一个整体，远离了危险。

绵羊

绵羊是人类用来满足其食物（肉和奶）和保暖（用于皮革的羊毛和羊皮）等基本生存需求的主要家畜之一。

牧羊人认为黑羊不受欢迎，因为它们的羊毛不像白羊的羊毛那样有价值。因此，当一个人不认同群体的特征和价值观时，他就会被称为家庭或群体的黑羊。那些盲目追随大多数或领导者的人被比作绵羊。

这些羊可能是亚洲盘羊的后代，它们被驯化了，由于是选择性育种，大多数品种的角消失了，其颜色从深棕色变成了今天的白色，更容易印染。目前有200多个品种的绵羊，其羊毛多种多样，从浓密且非常卷曲到长而细。它们的瞳孔是水平的，呈狭缝形，视野在270°～320°，但深度感知较差，有轻微的散光。它们可以区分多种颜色，如白色、黑色、黄色、棕色和绿色。它们有良好的听觉和嗅觉。绵羊在身体上不同于山羊，很少与山羊杂交，它们的上唇没有分开，没有胡须，尾巴向下垂。

绵羊是一种群居动物，在羊群中建有等级制度，其中绵羊角的大小（如果有羊角的话）是一个重要因素。它表现出追随领导者的自然倾向，而领导者可能仅仅是第一个动身寻找新牧场的个体，也许这就是它拥有愚笨名声的原因。这一点被牧场主所利用，他们以这种方式将这些羊分组，就可以轻松地牧羊了。绵羊繁殖对许多文明来说都是必不可少的。据估计，全球有超过12亿只绵羊，中国是第一大绵羊养殖国，领先于澳大利亚。绵羊还出现在许多神话中（如“杰逊王子战群妖”中的金羊毛），并在许多宗教仪式中被用作祭祀动物。

比想象中更聪明

绵羊一直被认为是呆板且不聪明的农场动物，但似乎这种观点正在走向终结。英国剑桥大学的珍妮弗·莫顿和劳拉·阿万佐在期刊《公共科学图书馆：综合》上发表了一项研究成果，在该项研究中他们对七只绵羊进行了各种认知测试。首先，绵羊必须在两个桶之间进行选择，一个是蓝色的（有食物），另一个是黄色的（空的）；它们学会了选择正确的桶，直到有一天，食物被放入了黄色的桶，它们最终发现了这一点（逆向学习）。他们还进行了其他实验，使用相同颜色或不同形状的容器，每一次，动物们都选择了正确的容器。

同样来自剑桥的巴布拉汉研究所的基思·肯德里克团队测试了绵羊的记忆力及其识别面孔的能力，这被认为是智慧的标志。该测试包括在屏幕上向几只绵羊展示25对面孔，并将这些面孔与食物奖励联系起来。这些反刍动物学会了识别个体的面孔，之后研究人员测量了与视觉识别相关的大脑区域的活动。“绵羊大脑的组织形式表明，它们必须对在这个世界上看到的东西有某种情绪反应，因此它们能够进行某种程度有意识的思考。显然，人类能够使用在绵羊身上发现的相同的大脑系统来有意识地感知面部”，肯德里克指出，他确认这项研究可用于了解如神经系统和退行性亨廷顿病等疾病。值得强调的是，这些绵羊在两年后仍能分辨出人脸。

此外，澳大利亚联邦科学与工业研究组织的科学家们证实，生病的绵羊知道吃哪些草可以让自己感觉更好，它们能够从其母亲那里学到这一点。

绵羊

研究

有意识的思考

这项研究使研究人员能够验证负责处理视觉识别区域的大脑活动。

特征

智慧行为

记忆和学习。绵羊学习起来很容易，甚至表现出了逆向学习的能力。拥有长期记忆，能够在多年后仍记住。

适应性。绵羊可以适应多种栖息地。

概况

学名：
造纸胡峰（*Polistes dominula*）

分类：
膜翅目胡蜂科

分布范围：
造纸胡峰分布于加拿大南部、美国和中美洲。

食物：
造纸胡峰主要以花蜜为食。

它们对人类是有益的。一方面，由于它们以花蜜为食，发挥着重要的授粉功能，使植物能够繁殖；另一方面，它们的幼体是肉食性昆虫，为了喂养幼虫，它们会捕食对植物有害的毛虫和小昆虫，这使得它们成为园丁和有机作物的盟友。

造纸胡蜂

造纸胡蜂，或称纸蜂，在美国是一种相当常见的物种。这一物种生活在拥有30 ~ 50名成员的蜂群中，偶尔成员数量会达到100只。这些胡蜂相对较小，在1.5 ~ 2厘米，呈红褐色，有黄色条纹。

蜂后将木纤维与它的唾液混合，建造了几个防水的纸质蜂房，它会在每一个纸质蜂房里面产下一个卵，这是其未来劳动力的开端。由于早春缺乏野花（因此也缺乏花蜜），蜂后依赖于断裂树枝的汁液。

头部有一些黑色和黄色的**面部标记**，因个体不同而不同。雄蜂与雌蜂（只有雌蜂有螯针）的区别在于它们高度弯曲的触角。

造纸胡蜂会经历完全变态发育，每年的第一代是雌性，它们是工蜂，比其他雌蜂更小且不育。随后，雄蜂和有繁殖能力的雌蜂将会出生，后者渴望成为下一任蜂后，因为它们是唯一能够在树皮后面、树桩或腐烂的树干中冬眠而幸存下来的造纸胡蜂，而其余的会在寒冷季节开始时死亡。

在春天开始的时候，气温升高且白昼变长，一只有繁殖能力的雌蜂将会开始建造一个新的蜂巢，因为它们不会重复使用蜂巢。其余的个体将会接受它的统治，即使其他的雌蜂产下卵，蜂后将会吃掉这些卵来巩固自己的地位。

一种多面的昆虫

造纸胡蜂

美国密歇根大学的学者迈克尔·希恩和伊丽莎白·蒂贝茨进行的一项实验表明，这些胡蜂能够识别并记住其蜂群伙伴的脸，至少持续七天的时间，这是相当长的一段时间，因为它们的预期寿命是一年。

研究者指出，尽管哺乳动物和胡蜂在眼睛和大脑神经结构上呈现出明显的差异，但这两个群体都独立进化，发展出了识别同一物种其他个体面孔的能力。这些能力只在哺乳动物和一些鸟类身上被发现过。

在研究中，希恩和蒂贝茨对胡蜂进行了训练，目的是看它们是否能够区分两个图像。他们把这些胡蜂放入一个迷宫里，迷宫的整个地板都通了电，只有一个没有电流的安全区域在不断变换着位置。在这个“安全”的地方，放置了不同的图像：有时是一张胡蜂的脸，有时是另一张照片。当为它们展示的是胡蜂的脸而不是其他图像时，它们能够更快地识别出没有电的区域。研究人员对另一种胡蜂——长足胡蜂（*Polistes metricus*）进行了同样的测试，发现它并不具备这种能力。“能够有效地区分面孔是这种昆虫的一个优势，因为这可以调节巢内的社交互动。此外，由于能够单独识别其他胡蜂，蜂群内的攻击会减少，这有助于保持和平”，希恩说道。

研究

识别同类面孔的能力

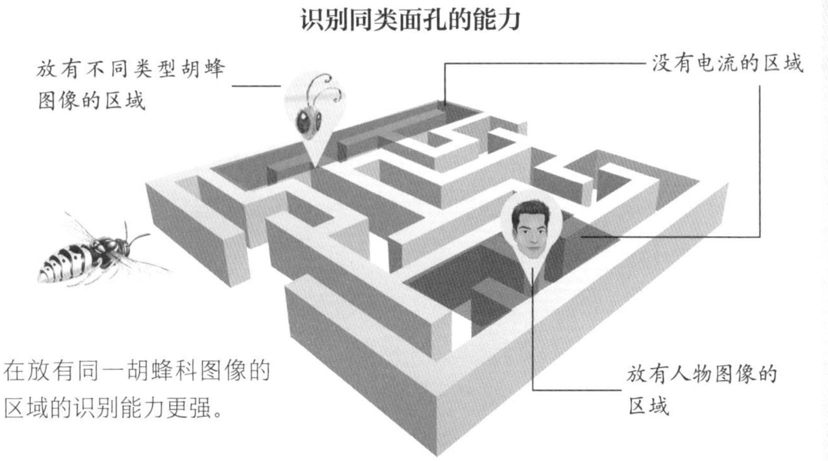

在放有同一胡蜂科图像的区域的识别能力更强。

特征

智慧行为

记忆。造纸胡蜂能够在相当长的时间内识别并记住其同伴的脸。一些科学家敢于作出更大胆的假设，他们声称这是自我意识的一个标志。

概况

学名：
缎蓝园丁鸟（*Ptilonorhynchus violaceus*）

分类：
雀形目园丁鸟科

分布范围：
缎蓝园丁鸟分布于澳大利亚东部，从昆士兰南部到维多利亚。在昆士兰北部潮湿的热带地区有一个孤立的种群。

食物：
缎蓝园丁鸟以果实和浆果、花的雄蕊和花蜜为食；昆虫丰富了其食物范围，对于雏鸟来说，昆虫占其食物量的95%。

声音：
缎蓝园丁鸟可发出不同的声音，如嗡嗡声、尖叫声和咔嚓声。它有很强的发声能力，是其他鸟类的优秀模仿者。

近几十年来，塑料已经取代用于装饰凉亭的自然元素，特别是在居民区、公园和花园附近，并且笔帽、玩具碎片、瓶盖、零食包装纸和小饰品并不少见，当然，所有的这些都是蓝色的。

缎蓝园丁鸟

缎蓝园丁鸟是一种体形比鸽子稍大的鸟，原产于澳大利亚。在这个物种中，两性异形是很彻底的，因为雄鸟呈闪亮的黑色，有彩虹色的光泽和紫色的眼睛，而雌鸟呈橄榄绿色，有蓝色的眼睛，雏鸟与雌鸟是一样的，所以可能会混淆。

缎蓝园丁鸟是唯一一种只为“调情”而作出如此精心设计的鸟类。鸟类学家欧内斯特·托马斯·吉里亚德曾经指出，在某种情况下，鸟类应该分为两类：园丁鸟和其他鸟类，这并非没有道理。

缎蓝园丁鸟栖息在热带雨林中，但也生活在那些比较干燥的森林中，以及通向开阔地方的过渡区域。在冬季，它会成群结队，经常出没于果园和农业区。

这种鸟的特点是大脑大、寿命长、幼年期长，因为它需要七年才能成年。但最能将它与其他鸟类区分开来的是其精心设计的仪式，它会在这个仪式上花费数小时，甚至数天的时间，只为吸引雌鸟：首先，它会清理出一个大约一平方米的区域并打扫干净；然后，挑出大小相同的树枝，竖着排成两排，形成一种大道或走廊，在走廊北端，它将布置一床细枝，作为“舞池”使用。最后，它致力于收集“宝物”，并将它们放在这个树枝床上，但并不是任何物体都可以，礼物必须是蓝色的，例如鹦鹉尾羽、檀香果、紫色矮牵牛花、笔帽、绿松石布片……它将艺术地安排这一切。如果花或果实受损，它将用其他新的替换掉它们。最后，它会咀嚼澳大利亚南洋杉的叶子，并用由此产生的材料在凉亭里画一条胸部高度的线。当雌鸟到达时，进入到欢迎的树枝走廊里，啄着一些树枝，欣赏着南洋杉叶子绘成的艺术品。这时，雄鸟开始跳舞，摆动脖子和翅膀，向其爱人展示蓝色礼物，并模仿不同的鸟类。雌鸟在建筑的入口处看着它。在决定获胜者之前，雌鸟会参观多个凉亭。

鸟类艺术家

美国马里兰大学的生物学家杰拉尔德·博吉亚研究这些鸟已经超过40年。他发现它们将凉亭的方向定在南北轴线上。“它们似乎想要接收到合适的光亮，它们甚至会修剪平台周围的树叶，让更多的自然光进入”，他说。可是作为园丁鸟如此喜欢的蓝色物体在自然界中却并不常见，很多时候会导致相邻的凉亭（通常彼此相距90米以上）被抢掠。博吉亚安装了监控摄像头来抓捕抢劫者，它们不仅会偷取宝藏，还会折断树枝，破坏倾注了大量心血创造的艺术作品。但除此之外，这位生物学家还意识到这些鸟对红色很反感。为了验证这一点，他的一个学生，詹森·基吉，现在是密西根州立大学的研究员，进行了两项测试：在一项测试中，他放置了红色物体并用一个透明的塑料盖子将它盖住，大多数园丁鸟都抬起了盖子并取出了红色的物品。在第二项测试中，陷阱物体被粘在地上，这些最聪明的鸟儿很快就解决了这个问题，用树叶和其他的装饰物将它覆盖，这样颜色就不会被看到了。基吉意识到最聪明的鸟儿也是繁殖最多的，因此他毫不犹豫地断定，对于缎蓝园丁鸟来说，“智慧就是性感”。

博吉亚说，建造、装饰、唱歌和跳舞的整个过程并不是一种与生俱来的行为，而是从幼年时就获得的，并随着时间的推移而不断完善。“起初这些鸟儿建造的凉亭并不完美，且相当‘粗制滥造’，但它们会提升技能，并努力学习。”

缎蓝园丁鸟

研究

新问题的正确解决

情况	行为	解决方法
用透明盖子盖住的红色松散物体	取下盖子	丢弃
粘在地上的红色物体	试图将其揭下	用树叶覆盖物体

特征

智慧行为

学习。缎蓝园丁鸟建造凉亭的能力不是与生俱来的，而是经过不断学习和完善的。

问题的解决。缎蓝园丁鸟成功地解决了新问题。

概况

学名：
黑家鼠（*Rattus rattus*）
褐家鼠（*Rattus norvegicus*）

分类：
啮齿目鼠科

分布范围：
老鼠存在于除南极洲外的整个地球。

食物：
这些动物是杂食动物，几乎可以吃任何植物或动物。不用去食用特定的食物，在其路上发现什么就吃什么。

声音：
老鼠会发出不同的声音。当它们高兴时会磨牙。还会发出尖叫声，如果声音短促、响亮且尖锐，意味着老鼠受到了惊吓或受伤了，如果是长而低沉的声音，就像呜咽一样，则是烦恼或不高兴的迹象。它在生气时可能会打牙颤，或者在准备攻击时会发出一种口哨声。

在印度西北部城市德斯赫诺凯，约有两万只活体老鼠被饲养在卡尔尼·玛塔神庙中，因为根据传说，一支由两万人组成的军队从印度西北部某处的一场战斗中战败，准备逃往该城市。逃兵的到来意味着死亡，但被认为是杜尔迦女神转世的卡尔尼·玛塔接受了逃兵的可怜请求，允许他们居住在德斯赫诺凯。作为回报，逃兵同意以老鼠的形态永远为她服务。

老鼠

老鼠是小鼠的近亲，但体形比小鼠更大、更纤细，是地球上数量最多的啮齿动物之一，这使它成为令人不舒服和危险的祸害，对人类和农作物及其他动物都是如此。

宠物鼠或花枝鼠起源于18世纪和19世纪在欧洲进行的斗鼠活动。从那时起，这些老鼠就被专门作为宠物饲养，逐渐包括了各种颜色和不同类型毛的老鼠。

黑死病在中世纪造成了大约5000万人死亡，据信是由寄居在老鼠皮毛中的跳蚤传播的，这些老鼠通过贸易路线，从印度北部传播到了世界各地。老鼠起源于亚洲，在人类的帮助下已经遍布全球，它利用乘船旅行来入侵新的领土，并由于超强的适应能力而传播开来。它是一种极其敏捷的动物，即使在光滑的表面上也能攀爬、跳跃，能够在开阔海域游泳，还能承受−30℃的低温。其灵活的骨骼使它能够挤过最小的缝隙，并且能够咬穿铅管。此外，它会吃任何在其道路上发现的动物或植物，甚至它自己的粪便。如果在所有的这些因素上再结合它易于繁殖的因素，每只雌性老鼠每年可以生育数百个后代……这就不难理解人类为防止它成为灾害而进行的艰苦斗争。

最为人所熟悉的老鼠种类是黑家鼠和褐家鼠。前者也被称为田野鼠，喜高处，喜欢在大自然中爬树，或在建筑区占领屋顶。由于褐家鼠（或称下水道鼠）体形更大、更具侵略性、更贪婪，喜欢生活在地下，在城市中已经取代黑家鼠。

实验室的老鼠是用于科学研究的褐家鼠样本。它们被认为是一种模范动物，其用途包括用于生理学、行为学或生物学研究。由于其繁殖速度快，易于操控，而且与人类有许多生理上的相似之处，这种动物已被用作实验对象，有助于了解和治疗人类疾病。目前，褐家鼠也被当作宠物出售。

远不止是个讨人厌的“邻居”

美国印第安纳大学的神经科学家们发现了老鼠能够再现过去事件的第一个证据；也就是说，老鼠有情景记忆。这一发现可能意味着在治疗阿尔茨海默病上的一个重大突破。这项研究由美国教授乔纳森·克里斯托领导，发表在《当代生物学》杂志上。为了评估这些能力，克里斯托实验室耗费了将近一年的时间用13只老鼠进行研究，他们训练这些老鼠识别包含12种不同气味的清单。这些动物被放入一个有各种气味的空间，当它们识别出倒数第二种和第四种气味时，就会得到奖励，气味顺序开始于它们所学习系列的最后一种。此外，每次放置的气味数量都不同，所以要想做到正确，老鼠不能只靠嗅觉的引导，而是必须按照顺序记住整个清单。完成训练后，这些啮齿动物在所有实验中成功完成任务的成功率为87%。这些结果是一个强有力的证据，证明了这些动物是在使用情景记忆回放。进一步的实验证实，老鼠的记忆是持久的，并且能抵抗来自其他类型记忆的“干扰”。

另一项实验是在美国芝加哥大学进行的，在这项实验中，老鼠被以成对的方式分组。每对中的一只被放入一间上锁的房间，房间里有一扇可以用一些技巧打开的门。自由的老鼠在感知到其同伴被囚禁时表现出了不安的迹象，在几天内，它们学会了打开门释放同伴，它们的行为不仅表现出了类似于人类同理心的态度，而且它们还能够开展救助行动。研究人员提供食物作为诱饵，以评估老鼠是否会对其被囚禁的同伴失去兴趣，但它们的首要事务仍然是释放其同伴，即使稍后它们不得不分享食物。

老鼠的联合或团结能力似乎是一种近似于人类的行为。

研究

救援能力

特征

智慧行为

记忆和学习。老鼠学习速度快，有情景记忆，能保持持久的记忆。

适应性。老鼠是世界上适应性最强的动物之一，这就是为什么它们通常被认为是一种灾害。

概况

学名：
家猪（*Sus scrofa domesticus*）

分类：
偶蹄目猪科

分布范围：
家猪作为农场动物几乎遍布世界各地。

食物：
虽然它们对橡子的喜爱众所周知，但其食物非常多样化，可以说它们什么都吃：蔬菜、腐肉、昆虫、垃圾……

声音：
人类已经确定家猪有超过20种类型的咆哮声、呻吟声和尖叫声，用于不同的情况，从向伴侣求爱到表达“我饿了！”。

美国作家约翰·罗宾斯非常关注动物营养和动物权利问题，他指出，“与狗、马和人类不同，猪永远不会以危险的方式暴饮暴食，即使它们可以无限制地获取食物。然而，养猪业用一种药物已经毁掉这种健康的习惯，导致猪暴饮暴食，这样它们才能长得更快，从而更加多产。”

猪

从猪头到猪蹄，人类几乎利用了这种动物的一切：它的肉（包括猪蹄或猪手、舌头、耳朵、血液等），它的毛皮或皮用于鞋子和手套，它的猪鬃用于制作刷子或它的膀胱用于制作西班牙圣诞乐器桑本巴。

从出生开始，它们就组成了复杂社会结构的一部分，以互动的方式进行交流。

人们对猪也很熟悉，认为它肮脏、粗俗、邋遢，以及许多其他称呼为人所知，所有的这些都是贬义的形容词。它是世界上消费最多的肉类之一。然而，人类对它知之甚少。它源自野猪，据信其驯化开始于大约1.3万年前的近东；从那时起，它作为农场动物，几乎分布在世界各地。尽管其外表显得蠢笨且腿短，但它是一种敏捷、聪明的动物。据说它能感知某些颜色，其视角约为310°。它有极好的嗅觉，所以经常被用来寻找地下的松露。它的听觉也非常好。

猪会建立复杂的、有等级组织的社会群体，可与灵长类动物相媲美，并且它们可以轻而易举地学习。如果与群体分离，它们可能会变得紧张。它们之间可以不断地交流，对于每种情况都有不同的声音。猪对热非常敏感，因此在野外，它们会在泥水中打滚（这样也能摆脱寄生虫），并在夜间变得更加活跃。

猪是一种好奇心很强的动物，以幻想而闻名，这种动物能认出自己的名字，同时也很忠诚、友爱，非常贪玩，对其同类有同理心。

尽管如此，仍有许多未知

英国剑桥大学动物福利教授唐纳德·莫里斯·布鲁姆在2009年进行了一项关于猪的智力的研究，该研究发表在期刊《动物行为学》上。他对八头猪进行了测试，该测试是在猪围栏里放入一面镜子，并让它们和镜子熟悉五个小时。之后，他给这些猪展示了一盘食物，它们只能通过镜子来定位。其中七头猪在不到30秒的时间内就找到了食物。这种行为意味着，对于猪来说，它们理解所看到的是一种反射，此外，它们能够记住所处空间的全部内容，并将其与自己的行动联系起来。研究者表示，“如果一种动物被社会认可为有智慧的动物，那么它就不太可能被当作单纯的食物生产机器对待，而会开始被当作有感情的物种。”

美国亚特兰大埃默里大学神经科学和行为生物学教授洛里·马里诺在分析了数百项关于猪的行为的研究后，在文章《会思考的猪：家猪的认知、情感和个性的比较性研究》中得出结论：这些动物有出色的长期记忆力；它们擅长迷宫和其他需要确定物体位置的测试；它们可以学习简单的符号语言和复杂的符号组合，而且可以像黑猩猩一样使用操纵杆来移动电脑上的光标。马里诺说道：“我们已经证明了，猪与狗、黑猩猩、大象、海豚，甚至人类等其他高智慧物种，共享许多相同的认知能力。”

研究

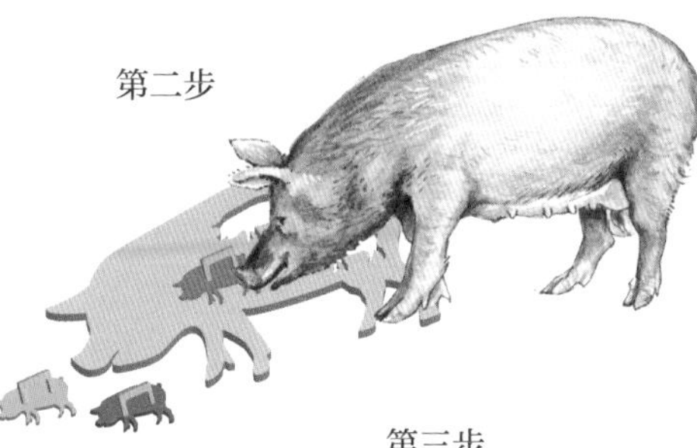

莫里茨是一只德国猪，它因一段视频而出名，在视频中可以看到它在拼一个简单的拼图：将不同颜色的木块叼在其嘴里，塞进相同颜色的洞里。

特征

智慧行为

记忆和学习。猪拥有出色的长期记忆力，能够记住脸和物体多年。学习速度快，擅长在迷宫中穿梭，甚至能够理解简单的符号语言。

问题的解决。猪能够通过食物在镜子中的反射找到真正的食物，而无须任何的嗅觉参与。有些猪甚至可以拼简单的拼图。

适应性。只要天气条件不极端，猪几乎可以适应任何栖息地。

概况

学名：
美洲黑熊（*Ursus americanus*）

分类：
食肉目熊科

分布范围：
从美国阿拉斯加到墨西哥的谢拉戈达，美洲黑熊不规则地分布。

食物：
美洲黑熊为素食主义者，食用超过100种植物的嫩芽、草本植物、乔木和灌木的树皮、浆果、坚果和蜂蜜。还会从昆虫、蠕虫和腐肉中吸收营养。偶尔会捕猎，当到了季节，会捕捞鲑鱼。

声音：
美洲黑熊可发出各种类型的声音，咔嗒声、呻吟声、咆哮声和吼叫声。

来自美国明尼苏达州和怀俄明州大学以及明尼苏达州自然资源部的一个团队，25年来一直在研究1000多头阿拉斯加的这种跖行动物，他们观察到那些带着伤口准备冬眠的黑熊，其中许多伤口受到了感染，但几个月后醒来时，它们的皮肤愈合了，没有感染的痕迹，而且伤痕也很小。2004年8月，一只野生黑熊在华盛顿州打开了一个露营者的冰箱，用爪子和牙齿打开了啤酒盖，共喝下36瓶，被发现时已经醉倒。

美洲黑熊

美洲黑熊体形中等，比棕熊和北极熊要小，尽管它的名字叫黑熊，但其柔软、浓密且厚实的毛发并不总是黑色的，而可能呈棕色、红色或银灰色。

美洲黑熊从两岁起就性成熟了，妊娠期持续约7个月。胚胎发育在交配后的10周开始：这种延迟可以避免在秋季分娩。幼熊于11月底至2月在熊洞中出生。

美洲黑熊是一种跖行动物，拥有巨大且弯曲的爪子，可以挖掘、剥树皮并成为出色的攀登者。尽管它又大又沉（可达到130千克），但这些熊敏捷性惊人，奔跑速度约为55千米/小时，同时也是优秀的游泳者。其食物中85%是植物，虽然它也吃昆虫、腐肉，甚至猎杀大型动物。它的嗅觉非常突出，比猎犬的嗅觉还要灵敏七倍。在最冷的季节，它会进入冬眠状态达数月之久，减缓新陈代谢，不吃、不喝、不排尿或不排便。除了在发情期与母熊和其熊仔保持关系外，它喜欢独居。它也可能在食物丰富的地区时不时地与其同类会合。

美国印第安人认为熊是一种超自然的存在，狩猎时要非常礼貌和郑重地对待它。他们用熊皮做衣服，用肉和油脂做饭、制造燃料及配制药品。对于殖民者来说，熊的肉也非常有价值，他们还专门寻求熊皮，用它来保暖。直到不久前，它的脂肪还被高度重视，作为一种化妆产品，用于促进头发生长和增加光泽。它也被捕获用于马戏表演，在这些演出中甚至被迫骑自行车或玩杂耍。美洲黑熊是所有熊类中攻击性最小的一种。发表在《野生动物管理杂志》上的一项研究显示，尽管美洲黑熊是北美洲数量最多的物种，但在最近的109年中，仅有63人死于其袭击。

没有什么可羡慕瑜伽熊的

黑熊的大脑相对于其体形来说很大，并且具有出色的长期记忆力。在野外，人们观察到这些熊会使用树枝和棍棒等工具来抓挠自己。新西兰奥克兰大学的心理学家珍妮弗·冯克和美国佐治亚州立大学迈克尔·J. 贝兰最近进行的一项研究表明，黑熊的数字能力超过了灵长类动物和鲸类动物。用三头美洲黑熊进行测试，该测试为区分在触摸屏电脑上显示的点组，它们必须选择有最多圆点的那一组。研究人员用一些视觉“圈套”，在标记的数量和覆盖的面积上增加了难度。尽管如此，三头熊还是根据每个部分的数量选择了圆点数量最多的组，而不在意整体点组是大或小。这被认为是一种“群居动物所特有的，而不是独居熊所拥有的”能力。

幼熊出生时耳聋，眼瞎，无毛。结束母乳喂养后，它们继续与母亲待在一起，直到一岁半。

美洲黑熊

研究

数数能力

特征

智慧行为

记忆和学习。美洲黑熊除了有良好的空间记忆外，还可以学习马戏团表演，能够“数数”。

工具的使用。美洲黑熊使用树枝和棍棒来抓挠自己。

适应性。美洲黑熊既能生活在沼泽地区，也能生活在亚热带森林和高山中。

加州海狮

加州海狮，尤其以参加水族馆表演及水上军事行动而闻名。就像海豚一样，它通常并不害怕人类，这是由于它喜欢交际和对人类的好奇心。

加州海狮里约和它的伙伴洛基已经成为科学界和普通大众的国际明星。它们曾在《时代》和《今日美国》杂志中出现过，并主演了一档名为“动物爱因斯坦”的电视节目。

这种鳍足类动物的形态完美地适应于水生生活，有强大的前鳍，用来游泳和移动，但在陆地上移动时会有些笨拙。此外，前鳍还有助于体温调节，因此我们经常看到海狮把鳍从水中伸出并保持不动，通过这种方式，可以冷却流过前鳍的血液，因为这是身体中脂肪组织最少的部位。其余部分被一层约2厘米厚的脂肪和毛发所覆盖，可以防水并抵御寒冷。

虽然海狮几乎是海豹的近亲，但还有一些区别。海豹的前鳍小得多，且不支持其离开水面的运动，但它们通过用腹部弹跳来实现这一运动。海狮有更发达且可见的耳朵，而其“亲戚”的外耳郭几乎难以察觉，因为它们潜得更深。海狮生活在被称为“群落”的群体中，最显著的特征之一是，尽管空间不受限，但为了取暖，它们喜欢互相靠得很近。雄性海狮会发出响亮的吼声来标记领地，这就是其名字的由来。

海狮的主要威胁是气候变化、偷猎、海洋污染和过度捕捞，这会使它们赖以生存的鱼类资源枯竭。它们的天敌是大白鲨和虎鲸。

概况

学名：
加州海狮（*Zalophus californianus*）

分类：
食肉目海狮科

分布范围：
加州海狮分布于北美洲的西海岸，几乎从美国阿拉斯加到墨西哥。

食物：
加州海狮主要以多种鱼类为食，如鲱鱼、鳕鱼、沙丁鱼、蓝鳕鱼……它们还捕食鱿鱼和红章鱼。

声音：
加州海狮可发出咆哮声、吠叫声、呻吟声、尖叫声和类似于喇叭的声音。雄性海狮的吼叫声，类似于狮子的吼声，非常突出。

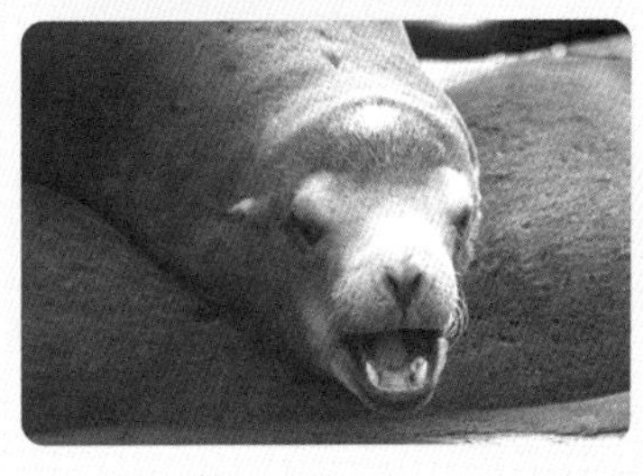

位于西班牙瓦伦西亚艺术科学城的海洋公园正在研究这些动物在海洋救援工作中的潜力，例如当海况很危险，不适合人类参与救援时，指挥这些海狮将救生索（漂浮物或绳子）带给遇难者。海狮经常遭受与人类相关的各种疾病，包括肺炎、癫痫和各种类型的癌症。

引人注目并爱好社交

里约是一只在人工饲养环境中出生的雌性海狮，由来自美国加利福尼亚大学长海实验室的动物学家理查德·舒斯特曼训练，他通过一项向里约展示不同符号的测试证明了，这只海狮能够运用逻辑，推断出如果A等于B，B等于C，那么A就等于C。里约学会了识别25个字母和10个数字，这对于一个4岁以下的孩子来说是很难的。舒斯特曼认为，这些能力可能是为了帮助这些动物们在野外解决复杂的社会问题而进化的，例如，通过使用许多不同的感官方式：视觉、嗅觉和听觉，来识别朋友和敌人。舒斯特曼说道："它实际上扩展了人类对动物如何感知世界的初步认识。"

2010年，另一只雌性海狮罗南被带到美国加利福尼亚大学的鳍足类认知和感觉系统实验室，因为它曾三次搁浅，无法在野外正常生活。其新饲养团队此前曾研究过海狮的认知能力，而在原本是一个二级项目中，美国研究人员彼得·库克和安德鲁·罗斯决定看看这种动物是否能跟上节奏。研究人员最终发现，罗南能够比任何其他非人类动物更好地做到这一点。后来，它还学会了跳流行音乐，它最喜欢的似乎是地、风与火乐队的《布吉仙境》(*Boogie Wonderland*)。库克和罗斯的团队在2013年发表了一份初步报告，记录了这种能力。

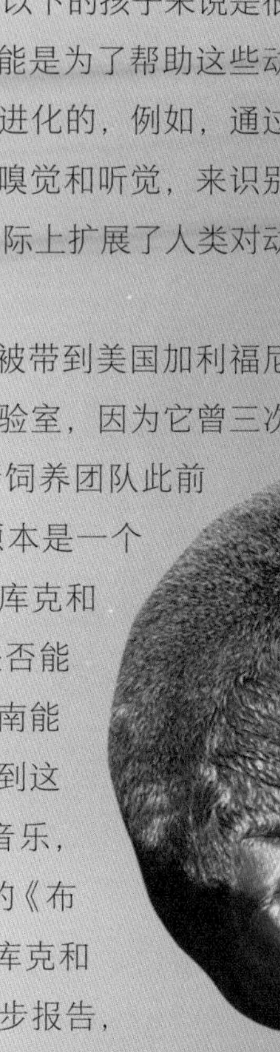

加州海狮

研究

对于不同的符号，里约使用逻辑来识别等价关系。

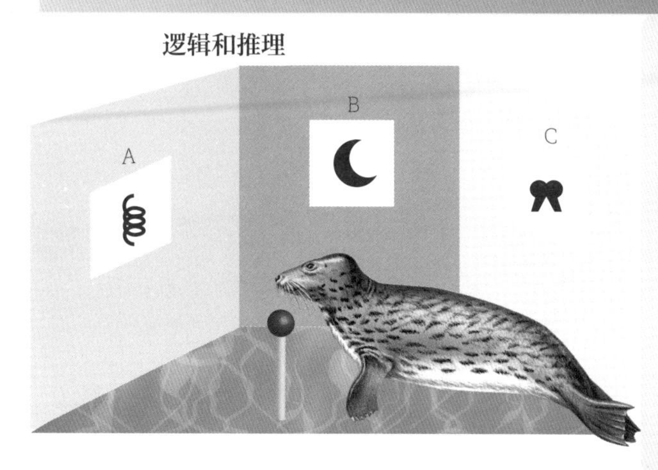

特征

智慧行为

记忆和学习。加州海狮有很强的学习能力，能够识别符号和运用逻辑。此外，它们拥有非常好的记忆力，甚至是长期记忆。

交流。加州海狮是非常喜欢交际和吵闹的动物，会发出各种声音，也会作出身体动作来互动。

普通夜莺

夜莺是欧洲声音最动听的鸟类。它体形优美，有细长的喙和长尾巴，其毫不起眼的羽毛呈单一的棕色。听到它的歌声很容易，却不容易看到它，因为胆怯，它很少离开树丛或灌木丛，在树丛或灌木丛外只要听到一点异常声音就会逃走。

生活在不同地理区域的同种夜莺，会发出相似的歌唱声，但往往在不同的地方有所变化。幼鸟会学习用这些“方言”歌唱，就像人类婴儿通过听周围成年人的口音来学习一样。

夜莺喜欢生活在河边的环境中，靠近河道，那里的植被缠结在一起，昆虫很多，它通过在落叶中搜寻或在飞行中捕捉昆虫。

它是一种候鸟，在非洲过冬，春天时到达欧洲繁殖，这就是为什么它的啼啭预示着春天来到。它是一种领地性很强的鸟，通过歌声来标记自己的领地，它能在白天用歌声与其他同类进行声音大战，也能在夜间，用歌声吸引雌性。虽然非常动听且音节清晰，但其旋律相当简单；歌声由渐强的口哨声、简单的颤音和相连接的音符组成的序列构成，所有这些都可与大和声相结合。像所有的鸣禽（归入雀形目）一样，夜莺拥有一个发声器官（鸣管），使它可以发出大量的音符。此外，它有两个声带（人类只有一个），所以它可以同时发出两个不同的音符。但如果没有父母或导师教它歌唱，这一切都没有什么用处，因为鸟儿的歌声是学来的：在其幼年阶段，这些幼鸟会听并记住歌声，然后不知疲倦地练习，直到其声调完美。据研究人员称，幼鸟学习声音的方式与人类学习说话的方式相似。

夜莺是一种常见的鸟类，但也不能免于被侵扰。像许多其他鸟类一样，因栖息环境遭到破坏而从岸边消失了，此外杀虫剂的使用也对它造成了极大的影响。

概况

学名：
新疆歌鸲（*Luscinia megarhynchos*）

分类：
雀形目鹟科

分布范围：
该物种在欧洲南部的大部分地区繁殖，也存在于亚洲，从土耳其到里海。欧洲种群在西非和中非过冬。

食物：
作为典型的食虫动物，新疆歌鸲食用甲虫、蚂蚁、蚊子、蜘蛛或蠕虫等。在夏末，它通过摄食如浆果、蔷薇果等水果来补充能量，为其迁徙积累脂肪储备。

声音：
雄性会发出一种非常美妙的歌声，其音乐性和多样性是它们所特有的。它们首先几乎总是以柔和的鸣叫声开始，声音的强度和频率不断增加，然后以响亮的音符中断歌唱。每个音符以渐强的方式重复3～8次，直到变成另一个音符，或者会发出咔嗒声或啼叫声，最后以这些叫声突然结束旋律。

新疆歌鸲，又称夜莺，其歌声因优美而被认可，因此一些具有良好歌唱能力的人被称为“夜莺”，以示敬佩。这方面的一个例子是西班牙歌手和演员约瑟利托，他在出演了自己的第一部电影《小夜莺》之后，就以这个绰号而闻名。

旧大陆上最美妙的歌声

根据美国杜克大学学者发表在《自然》杂志上的一项研究表明，学习歌唱会增加突触活动并促进鸟类大脑的结构变化。对于研究人员之一，美国学者理查德·穆尼来说，“歌声有助于建立记忆和学习的物理功能，并会开发幼鸟通过模仿其成年同类学习文化行为的神经机制”。在美国宾夕法尼亚州立大学的另一项研究中，研究者确认鸟儿的歌声是由音节组成的，这些音节的连接方式类似于人类在句子中组合单词的方式。

西班牙埃斯特雷马杜拉大学的生态学教授丹尼尔·佩顿发现，如果夜莺是一只城市夜莺或是一只野生夜莺，它们的鸣唱方式是不同的。在野外，由于雄性之间的竞争，会发出更多的声音和可变频率来吸引雌性。相比之下，城市里的夜莺，其鸣叫声更高亢，时间更长，而且攻击性的叫声更少。这可能会对性选择产生影响，“因为不会通过这样标记来建立领地”，研究员补充说：“这些声学差异，从长远来看，可能会导致这些种群的基因隔离。”就这方面而言，一个来自柏林自由大学的德国团队，在康尼·巴奇的领导下，分析了20只夜莺样本在繁殖季节开始时的夜间歌声，结果表明那些以更有序（以同种方式重复相同的啭鸣序列）的方式歌唱的样本和以可变（更多的嗡嗡声、口哨声和不同的颤音）的方式歌唱的样本是为其后代提供更多食物的鸟儿。

夜莺，
又称新疆歌鸲。

研究

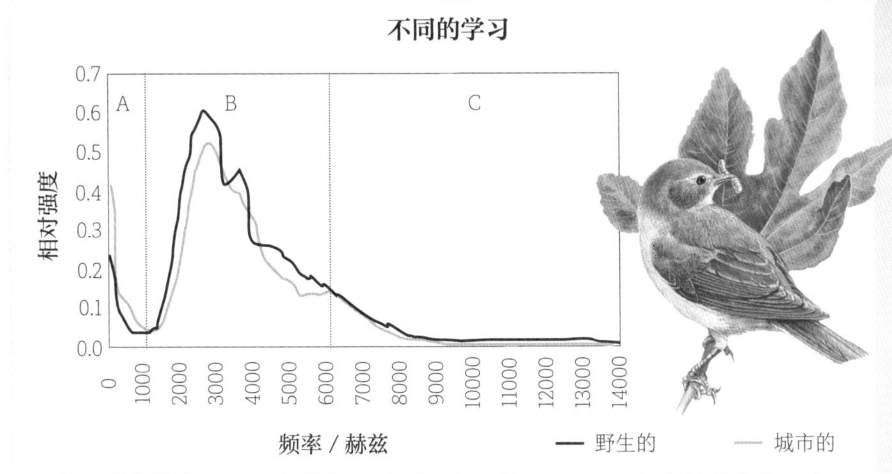

特征

智慧行为

记忆和学习。这种鸟（像所有的鸣禽或雀形目鸟类一样）在幼年时会记住并学习其父母或其他成鸟的歌声。但同时，在它向非洲迁徙的过程中，它也会学习迁徙路线，在未来它必须在这些路线上引导自己的家庭。

其他示例

如果学习无非为了更好地适应环境而改变一些行为，那么我们可以得出结论，这实际上是一个生存问题。当然，这种学习可能或多或少有些复杂。记忆和学习是有内在联系的，不能孤立地看待。

当大脑学习某样东西时，会获得知识，而这些信息必须由有记忆的大脑来保留。我们已经看到，面对食物的刺激，动物们能够联系并记住。它们认出一条道路或其他同类，并在很长时间里都能记住这些信息，观察、模仿并通过试错法来尝试，甚至会通过几代的努力创建一种行为，以某种方式创造自己的群体文化。在这两页中，我们介绍了许多其他具有同样惊人的记忆和学习能力的例子。

大猩猩
大猩猩属（*Gorilla*）
灵长目
分布：中非的森林

蜂鸟
蜂鸟科（*Trochilidae*）
蜂鸟目
分布：美洲

松鸦
（*Garrulus glandarius*）
雀形目
分布：欧洲、亚洲和非洲马格里布北部的山林中

猩猩
猩猩属（*Pongo*）
灵长目
分布：马来西亚和印度尼西亚

犬
家犬（*Canis lupus familiaris*）
食肉目
分布：世界各地

斑胸草雀
（*Taeniopygia guttata*）
雀形目
分布：小巽他群岛和澳大利亚

黑猩猩
（*Pan troglodytes*）
灵长目
分布：撒哈拉以南的非洲地区

北美星鸦
（*Nucifraga columbiana*）
雀形目
分布：北美洲

逆戟鲸
虎鲸（*Orcinus orca*）
鲸目
分布：世界各大洋

宽吻海豚
瓶鼻海豚（*Tursiops truncatus*）
鲸目
分布：除北极和南极以外的大海和大洋

非洲慈鲷
慈鲷科（*Cichlidae*）
鲈形目
分布：非洲的湖水中

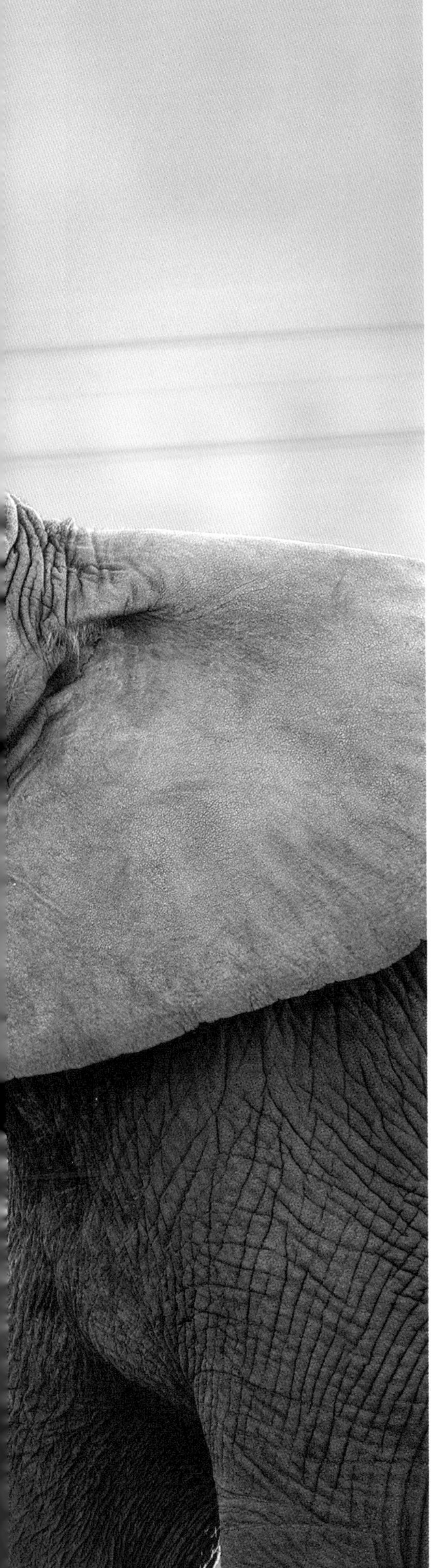

交流和语言

正如我们对许多动物使用工具的能力或超强的记忆力感到惊讶一样，它们的交流系统，有时非常复杂，将会动摇人类以往的看法，我们曾经认为这种行为似乎只属于人类和心智高超的生物。它们有效地交流沟通，能有助于其生存。

可能我们所有人都曾在某个时刻梦想着能够与动物（非人类）"交谈"，梦想着它们能够理解并共享我们的或另一种想象中的语言，在这种语言中我们可以相互理解。有许多儿童故事和电影都涉及了这种语言。我们希望有时（也许只是有时），我们的狗或猫可以说话，表达出它的感受或它想要的东西。

出于这个原因，科学界多年来一直在通过动物符号学研究动物交流，动物符号学的诞生多亏了1973年诺贝尔医学或生理学奖得主卡尔·冯·弗里希的兴趣爱好，他深入研究了蜜蜂表达自我的方式。这一科学分支涉及细胞、生物和动物交流。

准确描述动物交流的含义是一项复杂的任务。其定义可能是："当一个生物体向另一个生物体传递信号时，该生物体能够作出适当的反应。"根据这一定义，甚至是一种原生动物也会通过它分泌的化学物质影响其他原生动物的运动，花朵通过气味、颜色甚至是信号进行交流，以吸引蜜蜂和其他授粉昆虫。因为生物需要交流才能生存。

在动物中，有不同的系统通过四种方式发出信息：化学、光学、声学和触摸，它们通过不同的感官（嗅觉、味觉、视觉和触觉）来感知这些信息。为了进行交流，必须有一个共同的编码和解码的方式。为这种交流而发展的信号包括颜色、鸟鸣和鸣唱、叫声、手势、接触、激素和信息素、舞蹈等，具体取决于动物的类型和所处的环境。

化学信号的传递被认为是最有效和最广泛的交流手段之一。通常，动物们会发出独特的信息，例如分泌信息素来吸引异性个体，以达到繁殖的目的。声学交流也非常普遍，水生动物由于其所处的环境，它们优先使用这一系统。视觉信号需要光线，在脊椎动物中尤为重要。

触觉需要发送者和接受者之间的接近，这在哺乳动物中非常普遍。大多数动物会使用其中的几种组合。

动物的交流通常是双向的。数以百万计的物种以许多新奇和原始的方式不断地相互传递信息。它们依靠传递信息来获取食物、实现繁殖、躲避捕食者、解决冲突，甚至与其他动物联系（就像珊瑚石斑鱼一样，会与巨型海鳝合作捕食）。这对于它们的生存、物种的延续至关重要。

这种交流可以是简单的，也可以是更复杂的，例如当工蜂在找到丰富的食物来源后返回蜂巢，并向蜂巢的其他成员“解释”发现美味花蜜的地方时，它就会跳起精心设计的舞蹈。海豚拥有自己的“语言”，每个个体都有特定的口哨声或“名字”。

交流或语言

什么时候交流开始被视为语言？能够称之为动物的语言吗？这是目前最有争议和最难回答的问题之一。直到不久前，语言学家还只将语言定义为“符号交流”，但当类人猿证明了它们可以通过符号来学习和表达自己时，人们才决定要提高门槛，他们补充道：要被视为语言，必须要有句法（词语排序的方式）和递归（可以无限重复或应用）。目前，人类已经发现宽吻海豚、坎贝尔猴或长尾黑颚猴可能有某种类似于句法的东西。

不管它们能够被教导什么，几乎所有的脊椎动物都会发出不同含义的声音，并作出传达信息的手势。

所有的类人猿都有学习和重复符号语言的能力，但并非所有猿类都能够使用句法进行交流。

显而易见，人类是唯一拥有严格意义上的语言的物种。人类有无限的能力来表达抽象的想法，没有证明显示其他任何物种能够进行如此丰富、无限灵活、多用途和复杂的交流。

通过语言，人类可以表达思想、表述过去的事件、抒发对未来的梦想、想象，能够写诗或哲学文章，并传播知识。动物们能够通过信号来交流个体内在需要，例如情绪和意图，或者来协调行动和计划，但这似乎实际上仅限于此时此地。此外，大多数动物不用学习发声，这是它们与生俱来的能力，但无法对发出的声音作出很多改变，然而，一些鸟类（乌鸦、鹦鹉和八哥）和少数几种哺乳动物（海豚、大象以及一些蝙蝠和猴子）能够学习并发出新的且不同的声音。就鸣禽而言，已经证明它们的歌声不是与生俱来的，而是随着年龄的增长，不断学习并完善的，它们与人类共享至少50种与发声学习相关的基因。

同样习得的还有类人猿主动作出的手势，它们有大量高度灵活的手势。一组研究人员编纂了第一本字典，其中包含了66种黑猩猩用来传达有意义信息的手势（离开这里，到这里来，给我那个，我们来玩，给我一个拥抱，等等）。而大猩猩会使用100多种有意义的手势。几个世纪以来，动物不能像人类一样进行对话被解释为缺乏智慧，于是人类主观地将动物所作所为合理化。因为人类无法与它们进行交谈，来让它们表达出自己的想法或感受。

鹦鹉和虎皮鹦鹉以模仿人类的发声而闻名，但它们并不是唯一能够这样做的动物。

20世纪60～70年代，科学界只对能够像人类一样说话的动物感兴趣。为实现这一目标，人类作出了许多努力，但都没有取得很大成功。一只名叫维基的黑猩猩接受了刻苦的训练，尽管如此，维基只会说四个词："爸爸""妈妈""杯子"和"起来"。

这种无能力在很大程度上是由于它们的发声器官不能重复人类语言的所有声音。与其他灵长类动物不同，人类负责自主运动的大脑皮质部分与控制声带的大脑区域相连，换句话说，也就是人类可以随意控制喉部。一些心理学家甚至认为，人类生来就有语言的本能，就像狗生来就会吠叫一样。

几乎所有的动物都缺乏说话的生理能力。也许它们能够理解数百个单词和符号，例如倭黑猩猩坎兹或黑猩猩华秀，但它们也无法用语言表达。尽管如此，任何理解"食物"或"球"含义的动物都能理解抽象符号。可能我们仍然无法看到其他生物交流的丰富性和多样性，只是因为我们将它们与人类的交流相比较。我们应该摆脱人类中心主义的观念，换位思考，并试图理解每只动物如何以及为什么以某种方式表达自己，为何这是其生存所必需的。很明显，它们不能像人类这样说话，因为对一只红毛猩猩来说能够在丛林中用人类的语言说话有什么用呢？它的同类不会理解，与它互动的其他物种也不会理解，它也不会更容易地找到食物。

科学研究显示，动物可以形成有助于其行为的心智表征，每种物种都会根据其栖息地及其物理学和生物学特征建立自己的交流代码。如果我们尝试将它们全部包含在内，以人类交流为参照，这意味着会有很大的局限性。

传统意义上，研究是基于对行为模式的细致观察。近年来，新技术使人们对这种语言的理解有了质的飞跃，而这仅仅是个开始。鉴于每种物种的代码和社会网络的复杂性，我们目前面临的最大挑战是理解动物互动的含义，并在不试图将它置于人性化的前提下对它们进行解释。

蜜蜂复杂的交流系统是通过舞蹈实现的，它们通过舞蹈向其同伴解释食物的位置。

西方蜜蜂

西方蜜蜂，也被称为家蜂或欧洲蜜蜂，是世界上分布最广的蜜蜂种类。目前，有超过30种，但以提高生产力为目的的混合和杂交使得各种生态类型同类化。

据估计，我们消耗的食物中至少有三分之一来自蜜蜂授粉，因此阿尔伯特·爱因斯坦确信，如果这些昆虫灭绝，人类将剩下大约四年的生存时间。

西方蜜蜂是一种群居性昆虫，有三个等级：首先是蜂王，是负责产卵的雌性（每天产500～3000个卵），以其大体形和巨大的腹部而出众；每个蜂巢里只有一只蜂王，仅以蜂王浆为食，可以存活最多5年，并且有一根直的螯针。然后是雄蜂，是唯一的雄性，是从未受精的卵中孵化出来的，没有螯针，其唯一的任务是将精液传给蜂王。有几百只雄蜂，会从春天活到秋天，这时它们会被工蜂驱逐（因为工蜂和蜂王必须通过食用蜂蜜储备来过冬），而死于饥饿和寒冷。工蜂数量最多，每个蜂巢中有3万～8万只，它们是雌性蜜蜂，但不能生育，它们负责做所有的工作。在最初的几天里，它们会清洁蜂房；然后，会成为乳母，分泌蜂王浆，用蜂王浆来喂养不到三天的幼虫和蜂王；随后它们会泌蜡，在其生命的最后阶段，它们会出去觅食，即收集花粉和花蜜，花粉和花蜜会变成蜂蜜和蜂花粉。它们有一根弯曲的螯针，一旦刺入，就无法拔出来，所以它们的腹部就会被撕裂，就会死亡。

蜜蜂一生中大部分时间都在蜂巢内，在黑暗中度过，因此它们通过声音和嗅觉（通过触角）进行交流，实际的信息素是维持蜂巢团结的一种气味。如果蜂王年老或生病，这种气味发生变化，工蜂就会培养几只不到三天大的幼虫（仍用蜂王浆喂养），来作为未来的蜂王，未来的蜂王在其一生中都继续以蜂王浆作为其食物。第一只出生的蜂王会杀死其他蜂王，如果同时出生两只蜂王，将会发生一场生死搏斗：只有一只蜂王可以居于统治地位。其他信息素用于入侵者来临时发出警报，标记已经采蜜的花朵，指明有水的地方，帮助那些迷路的蜜蜂返回蜂巢，等等。

概况

学名：
西方蜜蜂（*Apis mellifera*）

分类：
膜翅目蜜蜂科

分布范围：
西方蜜蜂原产于欧洲、非洲和亚洲部分地区，后被引入美洲和大洋洲。

食物：
所有的幼体在出生后的前三天都以蜂王浆为食，蜂王浆是工蜂花粉消化后，通过舌腺代谢而分泌出来的物质。然后它们将食物更换为花粉和花蜜浆，而那些被选为蜂后的幼体会继续接受蜂王浆的喂养。当它们成年时，工蜂和雄蜂食用蜂蜜，这是其能量来源，而花粉则是它们获取蛋白质的来源。

声音：
西方蜜蜂发出各种嗡嗡声，其中许多是人类听不到的。

英国萨塞克斯大学的一项研究表明，蜜蜂在夏季的飞行距离比春季和秋季要长得多。英国养蜂学教授弗朗西斯·拉特尼克斯的团队测量了舞蹈相对于太阳的角度以及蜜蜂移动其腹部来绘制距离和位置图的时间，发现它们在夏季的覆盖面积是春季的22倍，而春季是鲜花繁盛的季节，此外，在夏季，种群数量会达到最大值，可能超过8万。

舞蹈女王

奥地利动物行为学家卡尔·冯·弗里希是“蜜蜂语言”的发现者，并因此于1973年获得了诺贝尔生理学或医学奖：蜜蜂语言是工蜂在找到食物后返回蜂巢时所表演的舞蹈，以此来向其他蜜蜂指明觅食源在哪里。由于蜂巢内没有光线，蜜蜂在跳舞时用“侦查器”摩擦身体，从而获得花朵所在地的距离信息（如果它们距离花朵不到50米，会绕圈移动，如果距离更远，则以半圆或完美的“8”字形舞蹈移动，两种动作都是朝着食物来源的方向移动，始终以阳光作为指南针来确定方向），以及花蜜质量的信息（如果它们非常用力地移动腹部，则表明花蜜的糖浓度更高）。在做这个动作时，蜜蜂会发出与所述距离和质量相关的嗡嗡声。另一个信息来源是浸渍在舞者身上的花蜜气味。

英国诺丁汉特伦特大学的一组研究人员发现，蜜蜂会发出一种人耳听不见的尖叫声，这是由其翅膀肌肉所产生的。这种声音在各种各样的情况下都会产生，通常是在它们感到惊讶时，而且经常是在夜间。科学家们使用加速计（一种用于测量振动的仪器）在九个月内观察并拍摄了几个蜂巢，得出了结论，该结论发表在期刊《公共科学图书馆：综合》上，结论为这些昆虫在受到惊吓或感到压力时会“尖叫”，因此这是了解蜂巢处于何种状态的一个好方法。

西方蜜蜂

蜜蜂用嗉囊中的一些酶将花蜜转化为蜂蜜，这些酶之后会使多余的水分蒸发。

研究

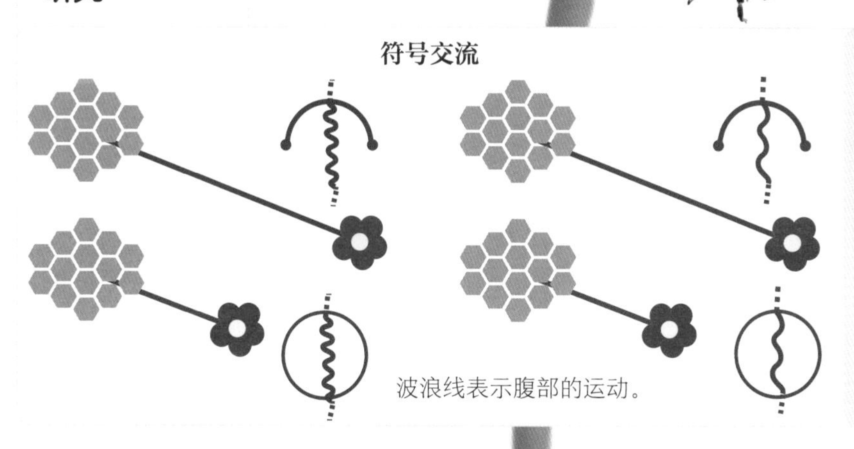

特征

智慧行为

交流。蜜蜂舞蹈是已知的非人类动物符号交流的少数几个例子之一。此外，它们用气味（信息素）和嗡嗡声（振动）进行交流。

狼

狼是被人类妖魔化和捕杀的动物之一，可能因为人类恐惧，它与人类争夺猎物或对牲畜进行攻击。小时候，儿童故事就向我们展示了狼的狡猾、凶恶和嗜血的形象。

最初，狼居住在北美洲和欧亚大陆的大部分地区，但由于人类的捕杀，在从墨西哥以及美国和欧洲的大部分地区它消灭了。然而，凭借强大的适应能力，再加上一些国家为保护它而采取的措施，狼的种群数量在最近的30年里开始恢复。

这种犬科动物只为食物而杀人，很少有主动攻击人的情况：可以说比起人类对狼的恐惧，它们反而更害怕人类。西班牙博物学家和播音员费利克斯·罗德里格斯·德拉·富恩特改变了人们一直以来对狼的看法，他致力于了解、认识和保护狼，尤其是伊比利亚狼。

狼的重量和体形根据生活的纬度而变化；越往北，物种体形越大。其皮毛颜色也可能有很大差异。世界上公认的狼有34个亚种，可分为四类：白狼，包括阿拉斯加苔原狼（*tundrarum*）、欧洲北极地区的白狼（*albus*）；红狼，主要是欧亚大陆前沙漠地区的伊朗狼（*pallipes*）；灰狼，包括阿拉斯加内陆狼（*pambasileus*）、棕狼［伊比利亚狼（*signatus*）］和欧亚狼。它通常遵循严格的社会等级，组成约有15只个体的群体，由雄性或雌性阿尔法狼或具备繁育能力的个体领导，它们会做决定，知道什么是对群体最有利的，并使狼群保持团结。也可能会发现孤狼，它们大多是在寻找同伴以组成狼群。狼是少数敢于捕食比自己体形更大的猎物的动物之一，以有组织的策略和明确的角色来捕猎，因此也是团队合作和有同情心的专家。一个狼群的领地非常多变，其活动范围有几百平方千米，所以狼每天要走10～100千米。它会用气味腺标记其家园范围，这也有助于识别彼此。狼经常旅行、捕猎和社交，所以通过气味、姿势和声音进行交流对它来说是非常重要的。

概况

学名：
狼（*Canis lupus*）

分类：
食肉目犬科

分布范围：
尽管已经受到猎捕，但狼仍然生活在欧亚大陆和北美洲。

食物：
狼是一种肉食性动物，通常以中型和大型动物为食，如鹿、狍子、野猪、臆羚、马、驼鹿、牦牛、野牛、绵羊或山羊，但这取决于它所在的栖息地。

声音：
狼嚎是为了帮助狼群成员保持联系，同时也是为了加强友情和群落团结。咆哮是作为一种警告信号，它在紧张时会吠叫，但与狗相比，程度不那么强烈，重复次数也更少，当它被其他同类征服时，会呻吟。

黄石国家公园在20世纪90年代处于崩溃的边缘。由于人类的行为，狼在该地区已经灭绝70年，大型植食性动物在没有任何捕食者的情况下自由游荡，几乎将公园里的植被和其他动物物种都消灭了。1995年，公园引入了8只灰狼，它们使鹿的种群数量得到了控制，使森林和牧场得以再生。

有意义的嚎叫声

狼用嚎叫来警告危险，表达其心情，标记地点或召唤雌性。最近，来自牛津大学和剑桥大学的一个国际生物学团队发表了迄今为止对狼嚎进行的研究结果。为此，他们收集了位于不同国家的不同狼种的6000多份声音样本，既包括野生的，也包括人工饲养的狼。然后，他们使用音频分析技术将6000多份样本减少到13种狼的2000份嚎叫声样本，并通过一种能够解释频率变化的算法来运行这些声音。如此，他们已经证明，嚎叫声在音调、声音间隔和音色上都有差异。事实上，人类已经发现它们发展成了真正的方言而不是口音。此外，所使用的软件已经能够解释同一物种中多达21种不同的信息。英国剑桥大学动物学系的阿里克·克申鲍姆认为："从分类学的角度来看，可能狼并不像我们，但从生态学的角度来看，其行为和社会结构都与我们的非常相似。"分析不同类型的嚎叫声，困难在于将这些声音与特定的情况或信息联系起来。做到这一点的唯一方法是在狼的栖息地进行研究，而这要比看起来复杂得多，因为不可能在不影响其行为的情况下跟踪这些动物群。

还有另一项嚎叫分析，由维也纳梅瑟利研究所的研究人员进行的，并发表在期刊《当代生物学》上，研究发现当一只狼离开狼群时，狼群的其他成员发出的嚎叫声是不同的，这取决于这只离开的狼在狼群中的地位。奥地利动物学家弗里德里克·兰杰和她的团队证实了，当离开的狼是一只在等级制度中拥有良好地位的个体时，它们的嚎叫声更响亮。兰杰指出："这表明狼在某种程度上能够以一种灵活的方式使用它们的发声，而嚎叫的主要作用是与不在场的个体保持联系，以帮助它们重新会合。"

狼

研究

声音或信息的关联性

第一步
收集6000份来自不同地方的嚎叫声样本。

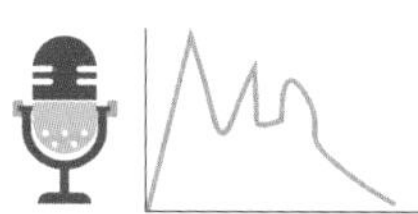

第二步
分析13种狼的2000份嚎叫声（方言的发展）。

第三步
研究声音与信息的关联性（未完成）。

特征

智慧行为

交流。作为一种如此善于交际和长寿的动物，狼需要用成千上万种不同的发声方式进行丰富的交流，才能够让它们表达、组织和共处。

适应性。狼是一种承受力特别强的动物，其栖息地多种多样，从北极冰层到非洲沙漠和亚洲丛林。

坎氏长尾猴

坎氏长尾猴是一种中型灵长类动物，背部呈黄褐色，腹部至下巴呈白色或奶油色。面部有一个深色的倒三角形面具，覆盖着眼睛和鼻子，顶部是橙色的额发，脸颊上有大量的灰色毛发，可以看到脸颊上还长有颊囊，用于旅行时储存食物。体长在35 ~ 55厘米，重达6千克左右，其尾巴比身体长。

该物种已经受到栖息地丧失的影响，而栖息地的丧失是由于森林砍伐和食用野生动物肉类所导致的。然而，国际自然保护联盟（UICN）已将该物种列为“无危物种（低关注度物种）”，因为它分布广泛，能够适应退化的栖息地。

作为**昼行性动物**，这种猴子适应于生活在不同类型的森林中：原始森林（原始状态、没有人工干预）、次生森林（当原始森林因为砍伐、火灾等因素，由幼树组成，恢复起来的森林）和河岸森林，此外，还生活在西非的农作物区、红树林和灌木丛中。它更喜欢植被低矮的区域，在地上它用四肢行走。

它是一种群居性物种，且颇具领地意识，生活在约有十只个体的群体中，有些群体由成年雄性、雌性和幼崽组成，而另一些则只有雄性。作为一种敏捷的动物，它并不太害怕除豹子以外陆地上的捕食者，因为它会通过爬树快速逃脱。其最大的难题是猛禽，尤其是冠鸡鵟（*Buteogallus coronatus*）。当一只猴子望见一个潜在的捕食者时，它会发出警报声，这种警报声在一千米以外都能听到。与猴科的大多数成员一样，它非常吵闹，会根据所涉及的危险情况发出不同的声音，从而引发群体部分成员以不同的方式逃离。此外，它还有视觉交流，以示威胁，例如凝视，嘴巴张开或闭上，或上下晃动脑袋。当两只个体把脸靠近，嘴巴或鼻子接触时，它们是在互相打招呼，这种行为通常在玩耍或个人梳洗之前。

概况

学名：
坎氏长尾猴（*Cercopithecus campbelli*）

分类：
灵长目猴科

分布范围：
坎氏长尾猴原产于塞内加尔、冈比亚、几内亚比绍、几内亚、塞拉利昂和利比里亚，也栖息在几内亚比绍的卡拉韦拉岛。

食物：
坎氏长尾猴的主要食物为野果和种植水果，它也食用种子、成虫、幼虫、两栖动物和小型爬行动物。

声音：
在真正的豹子出现时，以及听到其吼声时，坎氏长尾猴会发出“咔啦咔”（意为“豹子！”）的叫声。
看到鹰时，它会发出“嚯呵”（意为“鹰！”）的叫声。
当听到捕食者的声音，但无法确定其位置时，坎氏长尾猴会发出警告声——“咔啦咔—噢噢”（意为“当心！”）的叫声。这种声音也是对生活在同一森林中的另一种猴的叫声作出的回应。
雄猴邀请其他猴子靠近自己时，会发出“嘣—嘣”（意为“你们来吧！”）的叫声。
然而，上述的声音组合起来则表明完全不同的东西，如坎氏长尾猴发出“嘣—嘣、咔啦咔噢噢、咔啦咔噢噢”时，是在警告有树倒下。还有另一种变体叫声，其中插入多达7个“嚯呵—噢噢”，表示有其他猴群的存在。

一种有句法的灵长类动物

由科特迪瓦–瑞士科学研究中心的卡里姆·瓦塔拉、法国雷恩大学的阿尔邦·勒马森和英国苏格兰圣安德鲁斯大学的克劳斯·祖贝布勒组成的研究团队多年来一直在研究科特迪瓦泰塔伊国家公园的坎氏长尾猴。他们发表在期刊《公共科学图书馆生物学》上的新发现表明，坎氏长尾猴已经发展出以不同方式组合的六种基本叫声的能力，以创建不同的信息。

这种句法系统是在非人类物种中发现的最复杂的系统。雄性警报声由一个变量词根和一个可选的后缀组成。添加此语法助词可将特定警报（在所研究的案例中针对豹子）转换为基于摇晃树木的不确定危险的普通警告。

祖贝布勒和他的同事们认为，“—噢噢”音相当于人类语言的后缀，这在动物语言中是从未见过的，他们收集了一些证据：将雄性叫声分为六种类型：“嚯呵”“嚯呵—噢噢”“咔啦咔”“咔啦咔—噢噢”“呃呵—噢噢”和“嘣”。“咔啦咔”的叫声仅在探测到有豹子出现后才发出。然而，“咔啦咔—噢噢”似乎对应于任何变化：鹰的攻击（或其他任何飞行的东西）、地面捕食者或从树上掉落的树枝。同样，发声“嚯呵”与冠鸡鸶的到来有关，而“嚯呵—噢噢”可以对应各种危险，包括来自另一个邻近猴群的雄性的出现（这与“呃呵—噢噢”不同，后者从不适用于邻近的）。根据他们的结果，只由“嘣……”组成的序列是用来鼓励群体安营扎寨的，翻译为“我们走，我们走，我们走”；但一连串的“嘣”后再加上几个“咔啦咔—噢噢”就不再意味着安营扎寨，而是“树，走！”。此外，如果是想指附近另一群坎氏长尾猴的存在，那么选择的句子似乎是两声“嘣”和几声“咔啦咔—噢噢”，还有没有确切顺序的“嚯呵—噢噢”。

为了发出叫声，猴子必须协调舌头、下巴和嘴唇的运动。祖贝布勒说：“因此，我们的结果中总结的越来越多的证据表明，非人类灵长类动物使用了一种与人类相似的方式产生语言，并以一种有意义的方式交流环境的变化。”

研究

坎氏长尾猴的句法

人类已经证明坎氏长尾猴的句法，即通过添加一种特定后缀来传达一种危险。

	含义	
词根	“嚯呵” “咔啦咔”	鹰 豹
词根 + 后缀	“嚯呵—噢噢” “咔啦咔—噢噢” “呃呵—噢噢”	任何危险 任何捕食者 除邻近雄性外的任何危险

特征

智慧行为

交流。坎氏长尾猴有一个非常复杂和有意义的句法系统。这是动物界唯一已知的案例。

概况

学名：
埃及果蝠（*Rousettus aegyptiacus*）

分类：
翼手目狐蝠科

分布范围：
埃及果蝠栖息于北非、撒哈拉以南地区、亚洲的印度西南部和巴基斯坦，以及欧洲的塞浦路斯。

食物：
埃及果蝠主要以软肉水果、莓果、花、花粉和一些叶子为食，也吃昆虫和真菌。

声音：
埃及果蝠可发出多种声音，人类已经记录的声音超过1.5万种。

2000年，人们在西班牙特内里费岛发现了埃及果蝠的样本，这是第一个被记载的外来蝙蝠在西班牙变成野生蝙蝠的案例。据信它们是从动物园里逃跑的人工饲养蝙蝠，在几年内，扩张到了该岛的北部地区。从那时起，人们就已经开始定期捕捉埃及果蝠，据信目前在野外已经没有任何个体了。如果该物种是在加那利群岛定居，那么除了与本地蝙蝠争夺栖息地外，还可能会对农业造成损害。埃及果蝠已被列入《西班牙外来入侵物种名录》，因此，除获授权的动物园外，禁止占有、运输、贩卖和交易活体或死体的埃及果蝠，以及其残骸，同样，也禁止对外贸易。

埃及果蝠

埃及果蝠属于巨型蝙蝠类动物（大蝙蝠亚目），但它是其中最小的，体长15厘米，翼展可达60厘米，雄性比雌性体形更大。

埃及果蝠虽然出现在国际自然保护联盟（IUCN）的“无危物种”类别中，但其主要威胁是人类，在某些地区，人类认为这种飞行的哺乳动物是一种害虫，因为它会影响农作物。许多埃及果蝠受到杀虫剂的影响，甚至可能导致它中毒而亡。

埃及果蝠的耳朵和眼睛都很大，口鼻部有点长，它的脸可能让人想到狐狸。它有浅棕色的皮毛，背部的毛比腹部更长，翅膀是黑色的。此外，它还有一条长长的舌头，在不进食时保持卷起。这种哺乳动物的栖息地范围包括从干旱地区到潮湿的热带和亚热带地区，主要是在亚洲和非洲，唯一的条件是有可用的果树和休息场所，休息场所可以是洞穴、地下隧道、矿井、地窖等。它是夜行性动物，正如其名，埃及果蝠主要以水果为食，对无花果、杏、苹果和桑葚情有独钟，它从这些水果中获取果汁和果肉，吐出种子。一个晚上它就能够消耗相当于其体重的50%～150%的水果。白天，它休息和梳洗。

它是一种社会性很强的动物，同种蝙蝠会组成几十到几千只规模的群落，所以交流对它来说非常重要。它通过回声定位来确定自己的方向，在洞穴中，所有的个体都头朝下倒挂着，几乎彼此贴在一起，以避免受到温度变化的影响。这些蝙蝠的妊娠期持续约为4个月，通常一胎只有一只幼崽，在极少数情况下，也曾观察到双胞胎出生。虽然雄性不参与哺育，但母亲是优秀的育儿者，在幼崽出生后的前六周，它们会一直带着幼崽，直到小蝙蝠的翅膀足够强壮到可以飞行。从出生到死亡（其预期寿命为20～30年），子代几乎总是待在同一个群体中，并且可以在家庭中形成非常牢固的联系。

善于交际和健谈

来自以色列特拉维夫大学动物学系的尤西·尤威尔团队，分析了在一个满是埃及果蝠的洞穴中听到的杂乱声音，破译了它们交谈的目的和内容。该研究深入研究了这些动物的语言，并使他们确定了蝙蝠像人类一样学习交流的证据，而不是简单地生来就有一套固定的交流技巧。

团队成员尤威尔、莫尔·陶布和约赛夫·普拉特决定记录这些哺乳动物中的22只在75天内发出的声音，他们汇集了约1.5万种发声，并使用算法进行破译，因为人耳无法作出这种区分。他们发现，每一种发声都包含了关于发声蝙蝠的身份和呼叫对象蝙蝠身份的信息。尽管大多数声音是在攻击性的冲突中产生的，但通过分析相同的频谱组成，他们能够区分出具体的内容，即是否是对于食物、睡觉的地方的争夺，还是由于其他原因。此外，他们还识别出不同的语调是否对应于对朋友的问候、伴侣的寻找或对对手的威胁。这项研究发表在期刊《科学报告》上，根据尤威尔的说法，“一份具体的证据证明埃及果蝠是一种具有复杂交流系统的物种，这种交流系统不是与生俱来的，而是在群体中学习来的”。

埃及果蝠

研究

声音的区分

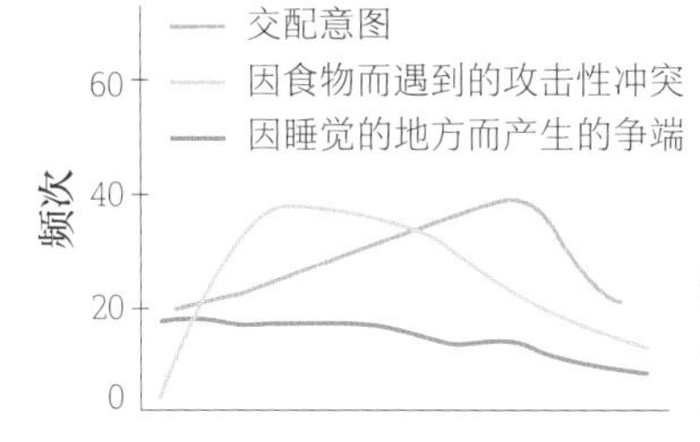

蝙蝠声音的频率差异取决于内容是什么，这可以使人们了解其精心设计的交流系统。

特征

智慧行为

交流。虽然这些声音听起来像是杂乱无章的叫声，但这些蝙蝠会发出不一样的声音频率来表达不同的东西。

概况

学名：
青腹绿猴（*Chlorocebus pygerythrus*）
这种猴子属于绿猴属（*Chlorocebus*）

分类：
灵长目猴科

分布范围：
青腹绿猴分布于非洲南部和东部，从埃塞俄比亚、索马里和苏丹南端至南非都能发现其踪迹。它已被引入英国阿森松岛、佛得角、百慕大、巴巴多斯、巴哈马、古巴、牙买加、海地、多米尼加和美国佛罗里达州。

食物：
青腹绿猴以素食为主，主要吃叶子和嫩根，也吃树皮、花、果实、鳞茎和草本植物的种子，以及各种昆虫、蛋和雏鸟，偶尔也食用小型哺乳动物。在耕种地区，会享用玉米。

声音：
青腹绿猴会发出不同的声音，特别是会根据所面临的危险而发出特定的警报声。

英国圣安德鲁斯大学的安德鲁·怀特恩教授为两组灵长类动物提供了染成蓝色或粉红色的装有玉米的盒子。蓝色盒子的玉米粒含有一种令人不快的味道，所以猴子们学会了只吃粉红色盒子里的玉米。此外，这一知识还被传递给了下一代。

青腹绿猴

青腹绿猴，也被称为长尾黑颚猴，主要分布在撒哈拉以南非洲。它的脸部呈黑色，被一条白色带围着，上面长有白毛，比其他部位的毛稍长，它的身体是白灰色的，除了腹部，颜色非常浅。雄性体长约60厘米，重约6千克，而雌性的身长和体重几乎是雄性的一半。它的长尾巴达70厘米。

许多青腹绿猴死于电缆，人类为了食用其肉而猎杀它们，并出于用于实验室试验的目的捕捉他们。人类正在开展保护计划，以促使这种动物与农民之间的和睦相处，并帮助孤儿幼猴。同时也在试图立法禁止对这种猴子的捕猎。

这种猴子**具有群居习性**，会组成8~50只个体的团体，尽管团体数量也有可能超过100只。雌性会留在出生的群体中，在这个群体中存在母系制度，而雄性在年轻时就试图加入其他族群，在那里它们必须为自己的地位而战。

它是一种主要在白天活动的动物，其领地范围在18~100公顷。与其他灵长类动物相比，它生活在更开阔的地形中，在树廊或灌木丛中休息，但它主要在开阔的大草原上觅食，它对不同的地形适应性非常强，包括耕地，在那里这些猴子可能会对农作物造成很大的损害。

大约75%青腹绿猴的死亡是由其捕食者（豹、狞猫、薮猫和各种猛禽）造成的，因此，对于它们来说，必须了解鹰和秃鹫的区别，鹰是它们的头号天敌，而秃鹫则以类似的方式在空中盘旋，但不构成威胁。同样，由于它们是群居动物，在群体之间会争夺资源，它们也必须知道彼此群体，接近的猴子是值得信赖的还是一个入侵者。为此，青腹绿猴已经发展出一种基于不同信号警报声音的交流系统，用于通知其同伴有危险，并让它们能够识别来源（无论威胁是来自猛禽、蛇还是豹），以便其余同类可以在每种情况下作出具体的反应。

对不同的捕食者使用不同的叫声

1967年，当时在美国加州大学伯克利分校的托马斯·斯特鲁塞克公开发表学说，青腹绿猴会根据所涉及的威胁发出不同声音的叫声。如果是空中捕食者的话，它们会发出一种闷笑声，这种笑声会使得群体中的其他成员抬头看向上方或逃到灌木丛中；如果是豹子，发声类似于大声咳嗽，所有成员都会爬到树上；当危险是蛇（尤其是蟒蛇）时，叫声将会很尖锐，群体成员都会用后腿站立，看向周围，在草丛中寻找，而对于狒狒的靠近则会用独特的叫声来发出警报。

在20世纪80年代末和90年代初，美国宾夕法尼亚大学生物学和心理学系的罗伯特·塞法斯和多萝西·切尼对青腹绿猴进行了一项研究，他们积累了不同叫声的录音，这样做是为了之后通过一个隐藏的扬声器向这群猴子播放叫声，拍摄它们所引起的反应。他们发现灵长类动物作出反应无须捕食者在场，只听到录制的声音时，它们会作出的反应与面对真正威胁时相同。研究者指出，“所引发的反应是与假设相矛盾的，根据假设，发声是通用警告信号，而实际上，它们传达的是关于特定危险类型存在的信息。”研究还发现，幼猴从很小的时候就开始使用这些叫声，最初是以相对不加区别（已经听到过在有鸽子出现或叶子掉落时，它们会发出猛禽的警报）的方式，所以学习对于提升警报的使用起着重要作用。这是关于猴子语言的最早发现之一，其中也包含了一种发现，即一些动物也通过符号来指代外部世界的物体，并且它们也会受到所发生危险背景的影响。声音从非自愿和无意识的行为变成了被视为类似语言的东西。

研究

每种声音都表示一种不同的危险，并会引起一种反应。

符号语言

声音	含义	反应
声音 1	空中捕食者	抬头看向上方并逃跑
声音 2	豹	爬到树上
声音 3	蛇	双足站立姿势并找寻
声音 4	狒狒	发出警报

特征

智慧行为

交流。这一发现，即这种猴子不同且特定的警报声，是灵长类动物符号语言研究的一个里程碑（发出的每一种叫声都与一种捕食者相关联）。

适应性。只要有食物和水，青腹绿猴就可以生活在非常不同的栖息地。

概况

学名：
非洲象（*Loxodonta africana*）

分类：
长鼻目象科

分布范围：
非洲象分布于撒哈拉沙漠以南，主要栖息于刚果盆地以及西非、中非和东非。种群高度分散。大象数量最多的国家有南非、博茨瓦纳、坦桑尼亚、肯尼亚、赞比亚和津巴布韦。

食物：
非洲象以水果、植物、树皮和树根为食。

声音：
非洲象可发出吼叫声、怒吼声、吠叫声、哼叫声、鼻息声、喊叫声、嚎叫声和尖叫声。

《对大象说悄悄话的人》的作者劳伦斯·安东尼去世三天后，他在世时曾解救、照料和庇护的两群大象（当时它们因暴力和反叛行为即将被枪杀），在两天内陆续到达他的家中，并在那里待了整整48个小时。为了向它们的朋友告别，这些厚皮动物不得不穿越丛林奔走12千米。虽然大家知道大象能理解哀悼，但它们如何能够得知安东尼的心脏已经停止跳动，仍然是一个谜。

非洲象

非洲象是现存最大的陆生动物，身高可达4米，体重可达7吨。它拥有一条长鼻子，动作灵敏，可以极其细致地举起一片叶子，且强有力，可以推倒一棵树。

根据英国萨塞克斯大学学者凯伦·麦康布的发现，这种厚皮动物的情感世界达到了体验哀悼的程度，她证实这些动物在发现自己同物种伙伴的遗体时，会处于某种悲伤状态并举行仪式。在这位动物行为学家看来，这可能是由于其极好的记忆力，以及它们的长寿（60岁或70岁）。

非洲象的前脚有**4个或5个脚趾**，后脚有3个脚趾，这与亚洲象不同，亚洲象通常前脚有5个脚趾，而后脚有4个脚趾，但这因个体而异。大象体验的情感与人类的情感非常相似，它们通过复杂的交流来实现情感体验，其中包括数十种动作、声音（在振幅、频率和持续时间方面有所不同），以及两者的组合。它们在友好的相遇或争吵中发出的声音是不一样的，已经发现，非洲象宝宝有不同的细语声来表达满足或不适，还发现母象在小象离开时，会用一种特殊的声音呼唤它们的孩子。肢体动作交流的一个例子是长鼻子的位置：抬起，如果其他同类也抬起其长鼻子，就是一种威胁，而如果双方都将长鼻子放下，就是友好的表示。

大象的声音可以从10赫兹的嘈杂声（次声波）到1万赫兹的吼叫声（超声波），这两种声音对于人类来说都听不到。次声波叫声产生的声波通过空气和地面传播，可以传到几千米外。其耳朵的结构和一些神经末梢使它们的脚趾、脚底和躯干末端对振动极为敏感。出于这个原因，大象的一部分信息是通过地面发送的，并通过脚来接收。人类一直在猎杀这些生物，是为了获取它们的肉或者象牙。在20世纪80年代，非洲象的数量减少了50%，于是在1989年狩猎大象被明令禁止。尽管人类为保护它们作出了努力，但其栖息地的破坏和偷猎的存在导致非洲象被列为“易危物种”。

有多大，就有多敏感

美国斯坦福大学和康奈尔大学进行并发表在专业期刊《当代生物学》上的一项研究，证明了大象通过地震波进行交流的能力。研究人员记录了肯尼亚野生大象产生的振动，并意识到通过研究这些振动，他们可以了解这些动物的行为，即使它们在十多千米之外。

英国圣安德鲁斯大学的研究人员得出的结论是，非洲象能够理解各种各样的人类手势，而无须进行任何类型的事先训练，这使它们成为第一个拥有这种能力的动物种类。在测试中，几只厚皮动物必须根据饲养员的手势提示在两个桶之间进行选择，饲养员用手指和头指向藏有食料的那个桶。所有的大象第一次就都做对了。研究表明，人类的手势相当于它们自己用长鼻子作出的指示。此外，英国萨塞克斯大学进行的一项研究表明，大象能够从一个人的声音和语言中识别出他是否对自己构成威胁，从而区分不同的种族群体。

研究

肢体语言

人类用手指给出的信号，大象将该信号与用长鼻子作出的动作联系起来。肢体语言的成功率是100%。

特征

智慧行为

自我意识。虽然非洲象没有通过镜像测试，但由于它们的性格比亚洲象更狂野，其行为表明，它们是有自我意识的动物。

工具的使用和问题的解决。非洲象可能会利用木棍来移动树枝、获取食物或驱赶昆虫。

记忆。非洲象拥有优秀的记忆力，尤其是年长的雌性，这对其生存至关重要。

交流。非洲象可以交流，而且很复杂，交流方式结合了次声波、不同的声音和肢体动作。

座头鲸

座头鲸，又称大翅鲸或驼背鲸，是最著名的物种之一。这种巨大的动物体形庞大，体长在12～16米，雌鲸体形更大，体重可达36吨。

座头鲸曾被过度捕杀，主要是因为鲸鱼油，在1966年采取保护措施之前，其种群数量减少了90%。之后，该物种的恢复情况非常好，根据国际自然保护联盟（IUCN）的说法，其状态已经从"易危物种"降至"无危物种"。

座头鲸的通用名称来自背部的隆起，而学名则是指其五米长的胸鳍（下侧为白色，上侧为白色或黑色），当座头鲸跳跃时看起来像翅膀。其头部有瘤状突起，这些瘤里面有毛囊（被认为具有感觉能力）。与其他鲸类物种相比，尾鳍是与众不同的；黑白斑纹及其锯齿状末端就像人类的指纹一样独特。体色在背面呈黑色，腹面颜色各异（黑色、白色或有斑纹）。游泳速度较慢，但每年会进行2.5万千米洄游；在夏季它主要在极地海域觅食，然后移至热带和亚热带水域繁殖。在冬季，它几乎不吃东西，靠脂肪储备生存。它吃磷虾和鱼，会使用各种技术来捕食猎物，例如水泡网（座头鲸用其身体围成一个圈，吹出水泡，将猎物困在水泡网里面）。然后，它会用其鲸须将水过滤掉，保留食物。

座头鲸生活在小而不稳定的群体中，除了在夏季时，它会合作获取食物。它有一套空中表演的节目，包括鲸跃和用鲸鳍拍打。座头鲸的交流很复杂：雌鲸和雄鲸都会发出声音，正如罗杰·佩恩和斯科特·麦克维在1971年所发现的（《座头鲸之歌》，文章发表在《科学》杂志上），雄性可以唱出动物世界中最长、最复杂的歌曲，声音（语义单元）按顺序（语句）排列，歌曲重复形成一个主题，可能会有变化。同一地区的雄鲸会发出相同的声音，随着时间的推移而变化，持续时间在10分钟至30小时。声音是通过其头部空气流动而产生的：雄鲸浮出水面呼吸，控制吐气，潜水，俯身向下，在海底15米或30米处唱歌。

概况

学名：
大翅鲸（*Megaptera novaeangliae*）

分类：
鲸目须鲸科

分布范围：
大翅鲸常见于南纬60°至北纬65°的所有海洋中。它有三种不同的种群：北太平洋露脊鲸、北大西洋露脊鲸和南露脊鲸，它们不进行互动。

食物：
大翅鲸以磷虾和鲱鱼、鲑鱼、毛鳞鱼或鲭鱼等鱼群为食。

声音：
除了以歌声闻名外，它们还利用其他声音进行社会交往，例如哼叫声、呼噜声、嘎嘎声、爆裂声、呻吟声、哭泣声、尖叫声、哞哞声和吠叫声。母亲和子女之间的叫声听起来像"呜呜声"。据了解，它们能够发出高达170分贝的声音，这相当于烟花爆炸或喷气式飞机起飞的强度。人们还认识到，由于它们可以发出人耳听不到的低频声音，通信波能传得更远，所以它们能与数千米外的另一个族群成员进行声音交流。

一首精心创作的歌曲

三年来，澳大利亚昆士兰大学的科学家们在丽贝卡·邓洛普的领导下，致力于记录座头鲸在澳大利亚海岸线旅行时发出的声音，在数千小时的录音中，他们收集了属于这些鲸鱼的61个不同群体的660种声音。通过观察鲸类动物在发出声音时的态度，他们能够破译一些含义。例如，雄鲸会发出呼噜声，似乎意味着它们想要与雌鲸交配。或者，当单身雄鲸加入一个群体时，它们会从低频声音切换到一些更高频的声音，此外，当它们驱赶雌鲸时，会发出一些非常尖锐的喊叫声或尖叫声，以表明它们的差异。另一方面，当母亲和孩子在一起时，它们会发出一种非常有特色的叫声。

邓洛普的团队还发现，座头鲸在空中进行的跳跃动作是为了与四千米以外的另一群座头鲸进行交流。当天气条件不好时，它们还会进行杂技式跳跃，因为在这种情况下，声音更能到达接收者。然而，当一个群体的成员被分开或有新成员加入群体时，鲸鳍拍打和尾巴的晃动就很普遍了。这可能是一种补充发声的互动交流。

海上跳跃是由一个群体中的所有个体进行的，不分性别、年龄和生活时期（洄游、觅食或繁殖）。到目前为止，人们还认为这些跳跃与摆脱寄生虫或吸引伴侣的需求有关。

座头鲸，
又称大翅鲸。

特征

智慧行为

交流。除雄鲸的歌声外，它们将声音组合为“语义单元”，整合成“语句”，随后形成“主题”，雄鲸和雌鲸都有大量丰富的具有不同含义的声音库。人们还发现，它们在空中跳跃所展示的杂技是另一种形式的补充表达。而且，当小鲸鱼意识到虎鲸的存在时，它们会对其母亲“轻声细语”，以免被发现。

概况

学名：
虎鲸（*Orcinus orca*）

分类：
鲸目海豚科

分布范围：
虎鲸分布于所有海洋中，从极地到热带的海域。

食物：
虎鲸是一种肉食性动物，其食物因栖息地而异。它能够以鱼、鱿鱼、海洋哺乳动物（海豹、海狮和海象、海豚、灰鲸和座头鲸、白鲸）、鸟类（企鹅、鸬鹚和海鸥）、陆地哺乳动物（如鹿，当这些植食性动物从一个岛屿游到另一个岛屿时，它们会捕捉这些动物）为食。

声音：
虎鲸会发出回声定位的咔嗒声（用于辨别方向，有时也用于交流）、口哨声（在进食或移动时经常出现）和变调叫声（听起来像尖叫声、嘎嘎声或吱吱声），这些声音都是最常听到的。

在20世纪90年代，在电影《虎鲸闯天关》中，主人公鲸目动物凯科（Keiko）于1979年在冰岛被捕获，当时它只有三岁。1998年，它被释放回其原产地，但始终无法脱离人类生存。

虎鲸

虎鲸属于海豚科，是该科代表性动物中体形最大的物种，在世界所有的海洋中都可以发现这种动物。它也被称为“杀手鲸”，由于具有攻击性和嗜血性而令人生畏，但其坏名声不实。事实上，纵观历史，虎鲸在野外对人类的攻击是非常罕见的，而且从未导致任何受害者死亡。

对虎鲸的威胁之一是由于杀虫剂（滴滴涕）和石油外泄所造成的污染。它们还遭受着人为噪声——声呐、海上交通或造船业产生的噪声的污染。

人工饲养虎鲸的情况却不是这样的，也许是由于压力，在某些情况下，这些鲸鱼会杀死其饲养者。虎鲸拥有鲸目动物中仅次于抹香鲸的第二大大脑，可以很容易地在饲养环境中进行训练，这就是为什么它已经成为动物园和水族馆的明星。

虎鲸外形粗壮，雄鲸体重可超五吨，雌鲸体重可达四吨，拥有非常大的背鳍，可达两米长。由于其特有的白色（在胸部、腹面和眼睛后面的斑块）和黑色（在背部区域）而不会被混淆，这些斑块在每只个体中都以特定的方式分布，没有两只是相同的，这使得这些鲸鱼可以被识别。虎鲸有几种类型，由于它们之间存在的遗传差异，可以被视为不同的品种。虎鲸生活在6～40只个体的群体中，在特殊情况下可以达到100只。其组成是基于母系氏族的，通常由一只雌鲸和其子女，及其女儿的后代组成。虎鲸是一个具有多方面技能的猎手，根据其所居住的地区、虎鲸的类型和想要捕获的猎物，这种动物可以使用不同的技术——团队配合或单打独斗来捕猎。有些群体只吃鱼，有些只吃海洋哺乳动物，甚至有些专门吃鸟类或爬行动物。直布罗陀海峡附近生活着两个种群：一个种群捕食金枪鱼，另一个种群会跟随渔船，吃渔民捕获的东西。它有一个复杂的回声定位系统来探测猎物和障碍物的位置和特征。其声音交流也很发达，每个群体都有自己复杂的方言，通过让空气流过鼻腔来发声。

伟大的模仿者

西班牙马德里康普顿斯大学动物与人类行为研究小组的研究人员，在何塞·萨莫拉诺·艾布拉姆森的领导下，与其他机构合作开展了一项研究，其结果为虎鲸的声音模仿能力提供了第一项实验证据。该研究不仅记录了虎鲸模仿同一物种成员发出新声音的能力，而且还记录了其模仿人类说话声音的能力。

在实验的第一阶段，三岁的雄鲸莫阿纳被训练进行五种新的发声（尽可能与其与生俱来的发声方式不同）；实验对象是14岁的雌鲸维基，它作为观察者，被要求使用已经学习的信号来重现莫阿纳的新发声。此外，还引入了一个变音，在该变音中要求维基重现另外两种莫阿纳发出的新声音，这些声音被录制下来并通过扬声器播放出来。在第二阶段，雌鲸接受了对六种人类发声的测试。维基成功地模仿了所有的声音，无论来自同一物种当场发出抑或是通过扬声器播放，还是由人类发出的。结果表明，虎鲸被赋予了真正复杂的模仿能力，且支持这样一种假设，即在该物种和其他鲸类动物中所记录的方言可以通过社会学习而被掌握，更具体地说，通过模仿来获取和保持。

此外，美国圣地亚哥大学的惠特妮·马瑟和哈布斯海洋世界研究所的研究员安·鲍尔斯发现，虎鲸会进行跨物种的声音学习：当与宽吻海豚进行社交活动时，它们会改变自己发出的声音类型，这可以促进它们的社交互动。通过比较录音，鲍尔斯和她的团队发现，与海豚生活在一起的虎鲸改变了它们的发声库，是为了与其同伴更相像。

人们发现，虎鲸可以听到在16千米以外高速行驶的船只，但船只产生的噪声使它们无法听到14千米半径范围内其同类的叫声。

研究

特征

智慧行为

交流。虎鲸发出不同的声音，能够模仿和再现其他声音，如海豚的声音……或者甚至是人类的语言。

适应性。虎鲸已经适应生活在地球上的所有海洋中，从最寒冷的到热带的。

概况

学名：
蠕线鳃棘鲈（*Plectropomus pessuliferus*）

分类：
鲈形目鮨科

分布范围：
蠕线鳃棘鲈分布于印度洋—太平洋海域的各个地区：红海、桑给巴尔、马尔代夫、斯里兰卡、苏门答腊和斐济。红海的个体被认为是一个特有的亚种，其种群数量相当多，是密集捕捞的对象。在其分布范围的其他地方，它是不常见的，甚至是罕见的。

食物：
蠕线鳃棘鲈以甲壳类动物、头足类动物和鱼类为食。

蠕线鳃棘鲈并不是鱼类之间合作的唯一案例。由亚历山大·韦尔领导的剑桥大学的科学家们在《当代生物学》上发表了一项研究，在该项研究中证实豹纹鳃棘鲈（*Plectropomus leopardus*）也会召集巨型海鳝在澳大利亚的大堡礁捕食，而且在确定最好的海鳝合作伙伴时，鳟鱼甚至会表现出选择性。野外的一些海鳝比其他海鳝更能干，所以在水族馆里，不同的人造海鳝模型被用来测试豹纹鳃棘鲈如何学习区分合作者和坏合作者。其中一个模型是被设计来帮助它和获取猎物的。另一个模型正好相反。豹纹鳃棘鲈了解到了哪一个更好，并经常以三倍的速率召集好帮手。

珊瑚石斑鱼

珊瑚石斑鱼，又称蠕线鳃棘鲈，是一种栖息在印度洋—太平洋海域的潟湖和珊瑚礁的物种。它是一种大型鱼类，身体细长而健壮，在红海的种群中可达120厘米长，在其余地区约63厘米。

合作在海底并不是一件新鲜事，因为除了珊瑚石斑鱼和豹纹鳃棘鲈外，还有一些鱼，即小型清洁工隆头鱼，它们会与其他较大的鱼联合起来以清除外寄生虫。在一个互惠互利的完美例子中，清洁鱼在进食的同时，还能从客户的皮肤、鳃和口腔内部清除寄生虫。

它的颜色多变，从米色到红色，有宽而不规则的垂直条纹，呈灰色、棕色或红色，全身布满明亮的蓝色小点，随着珊瑚石斑鱼的生长，这些小点变得越来越多，越来越小。胸鳍和尾鳍的颜色较深，有时呈棕色，也有蓝色的斑点。它有非常突出的眼睛、大下颚和独特的嘴唇。

作为昼行性动物，它喜爱独居，是定居鱼类，领地意识非常强，居住在一个非常特殊的区域，面对入侵者的到来，它会毫不犹豫地进行防御。一些物种能够在求偶表演中改变其颜色和图案。

这些鱼雌雄同体，意味着它们同时发育出雌性和雄性的性器官，可能会在生命中的某个时刻逆转其性别。在这种情况下，所有的珊瑚石斑鱼生下来都是雌性，在9～14岁，一些个体可能会变成雄性。它们的预期寿命约为50年。

它是一种贪婪的肉食性动物，喜欢浅水区，在那里寻找猎物，主要是甲壳类动物、头足类动物和鱼类（猎物的大小随着石斑鱼的成长而增加），它通常通过埋伏、伪装在裂缝或洞中来捕捉猎物。但这并不是其唯一的策略，因为事实证明，鱼类能够与其他海洋动物进行交流和合作，以完美的共生关系使其捕猎更加有效。

在海底的合作

实际上，正如瑞士纳沙泰尔大学和英国剑桥大学的科学家们所发现的那样，珊瑚石斑鱼使用一种肢体语言与爪哇裸胸鳝（*Gymnothorax javanicus*）合作捕猎。双方都会贡献自己的特殊能力：石斑鱼贡献其极快的速度，而海鳝能够钻进洞和缝隙里，将藏在那里的鱼带出来。在捕猎过程中，石斑鱼使用两个“肢体语言”动作：首先，它会在海鳝面前晃动其身体，邀请海鳝加入捕猎，然后，它会做一个“倒立”（头朝下直立）的动作，用头向其伙伴指示可能藏有鱼的地方。在这种合作捕猎中，它们不会分享战利品，而是各自寻求自己的利益，而一起行动比单独行动更容易获取战利品。

由瑞士动物行为学家和鱼类学家雷多安·布沙里领导的研究团队，在埃及水域和澳大利亚珊瑚礁进行了187个小时的观察，分析了这种行为。他们发现了34例石斑鱼进行倒立的案例，在其中的31个案例中，海鳝迅速出现，看到了珊瑚石斑鱼所指示的位置。有五次成功捕获了猎物。该研究表明，不仅是拥有较大大脑的脊椎动物能够使用针对特定接收者的肢体动作进行交流；也就意味着，它们是主动的，而不仅仅只是作出一个主动性的动作。其中的关键证据是，当珊瑚石斑鱼要作出倒立的动作但是它的嘴没能正确地跟上时，它会改变方式，在某些情况下，甚至几乎试图将海鳝推向猎物的方向。布沙里还发现，一些珊瑚石斑鱼在向合作捕食者发出信号之前，会在目标上方隐藏等待25分钟以上。根据这位动物行为学家的说法，“在动物世界中，到目前，只有在类人猿或鸦科动物中才会看到有所指的姿势或动作。”

特征

智慧行为

交流。珊瑚石斑鱼能够与巨型海鳝进行交流，在捕猎中合作，合作过程中各自发挥自己的技能来获取战利品。珊瑚石斑鱼的肢体语言鼓励与海鳝合作捕猎。

概况

学名：
非洲灰鹦鹉（*Psittacus erithacus*）

分类：
鹦形目鹦鹉科

分布范围：
非洲灰鹦鹉分布于非洲的安哥拉、加纳、科特迪瓦、肯尼亚、加蓬、赤道几内亚、尼日利亚、布隆迪、中非、圣多美和普林西比、刚果（布）、坦桑尼亚、卢旺达和乌干达。

食物：
非洲灰鹦鹉的食物包括种子、坚果、水果、绿叶植物，有时还包括蜗牛。

美国作家珍妮弗·阿克曼在她的《鸟的天赋》一书中提到了一只名叫思罗克莫顿的灰鹦鹉的事例，它喜欢模仿其主人的手机声音，当主人跑过来接电话时，鹦鹉会发出电话挂断时所听到的声音。有一次，它的主人患上了一种可怕的胃病，思罗克莫顿在接下来的六个月里一直在发出恶心的声音。

灰鹦鹉

灰鹦鹉，又称非洲灰鹦鹉，以其智慧和说话及模仿声音的能力而闻名，这就是为什么它作为宠物非常受欢迎。事实上，它是世界上交易量最大的野生鸟类。体形中等，其羽毛短而呈灰色，有红色的尾巴。

灰鹦鹉可以活到70～90岁，有极个别的案例记录，有的个体活到了100岁。它在离地面较高的树洞中筑巢，会产下2～5个白色的蛋。它的孵化期为27～30天，幼鸟在70～80天时离开巢穴。

灰鹦鹉虹膜的颜色随着其年龄的增长而变化。刚出生到几个月大的时候，虹膜是深色的；后来会变成白灰色；随着成长，又变成浅黄色；成年后又变成明黄色。

它喜欢生活在集体中；群体可以由成百上千的个体组成，在群体成员内部有等级组织。这种鸟白天活动，成群结队地飞行数千米去寻找食物。它是一种与其同类高度互动的动物，会与它们形成密切的联系，并有稳定的终身伴侣。它对其周围环境的变化非常敏感，这使它在面对新的情况、物体或地方时，会产生不信任和恐惧感。

作为家养宠物，与其说是宠物，倒不如说它更像孩子。它不能忍受孤独，需要持续关注。它需要社交和玩耍，否则就可能会变得具有破坏性，或者变得抑郁，拒绝进食，然后死亡。此外，它是只认一个主人的鹦鹉，可能会无视或攻击家庭的其他成员。其强壮的喙和锋利的爪子使得它不适合与儿童一起生活。2017年，它被列入《濒危野生动物植物种国际贸易公约》附录I，该公约禁止出售其野生个体。

最健谈的鹦鹉

亚历克斯（Álex），世界上著名的灰鹦鹉，其名字对应于鸟类学习实验（Avian Learning Experiment）的首字母缩写。其主人，动物心理学家艾琳·佩珀伯格于1977年在一家宠物店买下了它，训练了它30年，并在不同的大学（亚利桑那大学、哈佛大学和布兰戴斯大学）对它进行了测试。在佩珀伯格的研究之前，人们认为鹦鹉没有智慧，只懂得模仿。但研究员向世界证明了某些鸟类似乎具有与灵长类动物相媲美的心智能力。

亚历克斯掌握了数百个英语词汇来定义物体、颜色和形状；它能识别各种材料，如木材、塑料、金属和纸张；它理解相同和不同的含义，能够概括和理解抽象概念，包括零的概念。这只鹦鹉不仅认识词汇，而且能够声情并茂地使用这些词汇。亚历克斯于2007年早逝，它留给其饲养者和朋友的最后一些话是："善待自己，明天见，我爱你"。《纽约时报》和《经济学人》以讣告的形式悼念了它。佩珀伯格说它有五岁孩子的智力和两岁孩子的情感水平。

住在美国田纳西州诺克斯维尔动物园的另一只灰鹦鹉爱因斯坦因其重现声音的能力在社交网络上引起了广泛关注，从模仿其他动物或有人在洗澡时唱歌，到飞吻或宇宙飞船。

灰鹦鹉，
又称非洲鹦鹉。

研究

心智训练
亚历克斯能够将数字加起来，并获取复杂的知识。

特征

智慧行为

交流。灰鹦鹉能够认识和使用所学的词汇。

工具的使用。灰鹦鹉在野外使用树枝来挠头部、脖子或背部。

记忆和学习。灰鹦鹉掌握基本概念，并能够"说话"。

其他示例

在语言和交流方面，有许多与我们所看到一样甚至是更令人震惊的例子。例如，鹩哥可以像鹦鹉一样有效地模仿人声，夜莺的歌声会高于环境噪声，以便其含义传达给同类。

这些特征并不是鸟类所独有的：长尾猴通过组合不同的声音来发出有意义的词语，而狨猴能够复制口哨声和不同的发声来吸引异性，找到迷路的伴侣等。动物使用某些声音来对外宣称自己的领地是相对比较常见的，例如海狮或成对的长臂猿。然而，如果某种捕食者接近，疣猴就会用叫声来发出警报，它们甚至在晚上会轮流站岗！草原犬鼠因其狗吠般的警报声而得名。像灰海豚这样的鲸类动物也有一套声音库，包括尖叫声和回声定位，以促进物种之间的交流。

夜莺
新疆歌鸲（*Luscinia megarhynchos*）
雀形目
分布：欧洲和亚洲

鹩哥
（*Gracula religiosa*）
雀形目
分布：印度、中南半岛、中国和苏门答腊

普通狨
（*Callithrix jacchus*）
灵长目
分布：巴西

大白鼻长尾猴
（*Cercopithecus nictitans*）
灵长目
分布：中非地区

加州海狮
（*Zalophus californianus*）
食肉目
分布：北太平洋，从加拿大到美国加利福尼亚州

蹄兔
（*Procavia capensis*）
蹄兔目
分布：非洲、亚洲西部

疣猴
（*Colobus*）
灵长目
分布：中非、南亚和东南亚

长臂猿
（*Hylobatidae*）
灵长目
分布：东亚、南亚和东南亚

金翅莺
金翅虫森莺（*Vermivora chrysoptera*）
雀形目
分布：美洲

草原犬鼠
（*Cynomys*）
啮齿目
分布：北美洲

欧鸲
欧亚鸲（*Erithacus rubecula*）
雀形目
分布：欧洲、亚洲和北美洲

灰海豚
里氏海豚（*Grampus griseus*）
鲸目
分布：大海和大洋

动物适应性

科学家们声称，我们正面临着地球上第六次生物集群大灭绝。根据一项对过去五个世纪数据的研究，灭绝率已经增加100多倍。这并不是地球第一次遭受重大灭绝（例如白垩纪的恐龙灭绝），但所有的大灭绝都是由自然现象引起的，例如陨石、火山或超新星爆炸。而这一次，是其中一个物种，即人类，正在导致其他物种的消失。

对于墨西哥国立自治大学教授赫拉多·塞巴洛斯来说，这种灭绝背后的主要因素是栖息地的破坏、对物种的过度捕猎、污染和气候变化。而扭转这一进程的机会已经不多，塞巴洛斯认为，“如果我们让目前的灭绝速度继续下去，在三代人的短暂时间内，我们将会失去生物多样性带来的许多好处。过去的生物集群大灭绝之后，生命需要数百万年才能再次实现多样化。”

虽然大多数生物无法应对正在如此迅速发生的变化，但有少数生物确实表现得非常好。如果智慧可以被定义为“应用信息和认知来成功解决问题的能力”，那么对于一种生物来说，还有什么比它自己和物种的生存更重要呢？这种能力要求动物们从其环境中学习，为此它们需要正确处理信息。

进化论之父查尔斯·达尔文说：“幸存下来的不是最强壮的，也不是最聪明的，而是最能适应变化的生物。”另一位天才，阿尔伯特·爱因斯坦因因名言“衡量智慧的标准是改变的能力”而受到赞誉。

这就是适应性，即个体成功应对和解决所出现的挑战的能力。这可能是有关智慧最不科学的方面，因为这无法通过在实验室进行的实验来衡量。只能够简单地通过直接观察获取数据。

由于人类几个世纪以来一直在改变绝大多数动物的栖息地，入侵或破坏它们的领地，迫使一些动物进行夜间活动，甚至自愿或非自愿地将物种从世界的一端转移到另一端，我们已经“推动”它们适应或死亡。虽然许多物种正在消失，但由于适应能力，一些物种已经成功地在新的领地上定居、繁衍和发展。

由于贪婪和好斗的天性，作为宠物的浣熊在被大量遗弃后，已成为入侵物种。

城市生活

在所有人类引发的环境变化中，最为巨大和迅速的无疑是城市化，这导致了大量物种的消失。然而，其他物种能够调整自己的行为以应对城市生活所带来的挑战，例如寻找新的食物来源和住所，习惯与人类一起生活并从中受益，或者在嘈杂的环境中进行交流。

这些行为策略需要行为的灵活性和学习能力，而这本身就表明了强大的认知能力。

首先，城市动物改变了它们的饮食，增加了与人类活动相关的食物。在任何一家餐馆的楼台上都经常能看到麻雀偷食米饭、面包或油条；海鸥在内陆的垃圾填埋场附近生存；野猪、狐狸或郊狼会将垃圾箱弄倒，以便在垃圾袋中翻找，鸟类会吃园艺树木上的水果或习惯于被人们喂食面包屑。

这种在获取食物方面的便利性导致它们的行为发生了其他变化，大多数动物的生活方式变成了定居（城市的极端气候较少也起到了推动作用），在某些情况下，例如野猪，有更高的繁殖率，这导致其密度增加，以至于成为灾害。

一些动物，如郊狼、狐狸或黑熊，已经改变它们的活动时间，以避免与人类相遇，但尽管如此，其中的大多数动物并没有消除恐惧，或者尽管仍有恐惧，但它们已经能够利用我们的存在进行生存。

事实上，鸽子能够识别定期喂食它们的人（这种城市鸟类数量的增长首先是由于人类活动直接或间接产生了大量食物）。一些麻雀已经学会飞掠超市或餐馆大门的传感器，打开门去偷吃美味的食物；山雀和蓝山雀会用它们的喙刺破牛奶瓶盖去偷喝。

郊狼的活动通常是在夜间进行，以避开人类，但同时它又从人类那里获取食物，甚至还学会了通过红绿灯。

野生动物已经习惯城市空间，甚至黑熊也根据人类的时间表调整作息。

根据西班牙高等科学研究理事会研究员、生物学家丹尼尔·索尔的说法，面对潜在的攻击，乌鸫已经缩短逃跑区域（动物周围的空间，如果被入侵，它会远离入侵者）。如果在自然环境中，它在30米处开始逃跑，那么在城市中它会允许人们在两三米的距离内接近它。

西班牙格拉纳达大学的胡安·迭戈·伊巴涅斯-阿拉莫指出："当被捕获时，城市鸟类的攻击性较低，它们会更频繁地发出警报叫声，在捕食者面前处于麻痹状态，并且它们比其同类鸟更容易脱落羽毛。"此外，由于城市的温度较高，一些鸟类的生殖生理也会进行调整，它们会改变繁殖季节、繁殖数量或蛋的数量。它们的敌人也较少，所以有异常情况（生病、畸形或不完整羽毛）的鸟类在野外无法生存，但在城市中却能存活下来。

甚至在像美国纽约这样的城市化程度很高的地区，郊狼也可以没有任何问题地生活，而且根据一项研究，在这些地区出生的幼崽比在农村出生的幼崽的成活率高出五倍。而狐狸知道在晚上野餐区是空的，它们就会来吃旅行者留下的食物残渣。

城市不同于农村的一个特点是所产生的噪声实际上是连续不断的。这也导致生活在城市中的动物改变了它们的行为。有些鸟被迫增加鸣叫的频率和持续时间，以防止声音受到噪声干扰。

城市中几乎保持不灭的灯光可能对某些物种有利。通常昼行性鸟类会利用路灯来延长其活动时间，但有时这会让它们不合时宜地歌唱。

在俄罗斯莫斯科，路灯的开关充当了小嘴乌鸦的同步信号，这些乌鸦每天早上都会集体飞向栖息地，或者在晨光中四散到城市各处。而蝙蝠专门吃聚集在路灯下的昆虫。

入侵物种

正如一开始所提到的，人类也是导致所谓"入侵物种"出现的原因：在其自然分布区域之外生长的动物会使生态系统的丰富性和多样性发生改变。

这种情况发生在美洲水貂身上，它通过从毛皮养殖场逃离而"攻占"了欧洲；也发生在和尚鹦鹉身上，因为它被当作宠物交易。浣熊在有人居住的地区附近比在自然界中能更好地繁衍，而且还作为宠物通过进口来到旧大陆（美洲以外的传统大陆，编者注）和日本。狐狸和野猪作为狩猎物种分别被引入澳大利亚和南美洲，它们已经成功野化，对当地的动植物造成了严重影响。

所有这些物种都已经学会适应与其原始栖息地截然不同的气候、饮食、捕食者和习惯。而且它们正在成功地扩张。

无论是城市物种还是入侵物种，它们都能在对其来说完全陌生的环境中繁衍得非常好。它们已经被迫发展出观察或模仿等能力、被迫容忍人类、尝试不同的食物，甚至学习交通模式以及交通信号灯是如何工作的。不可否认，这其中存在一些智慧。

和尚鹦鹉，一种外来物种，从宠物变成了灾害：一些鹦鹉是因为吵闹而被主人放生的；另一些鹦鹉学会了打开笼子，逃走了。

郊狼

郊狼经常作为一种聪明狡猾的野兽出现在美洲原住民的故事和传说中，在著名的华纳兄弟动画片中，郊狼总是在追赶走鹃，但走鹃不会让它好过。

一万年前，郊狼生活在北美洲的草地、大草原和沙漠上，东起密西西比河和俄亥俄河，西至加利福尼亚。从1900年起，郊狼就开始占领森林栖息地；到20世纪20年代，它们已经进入阿拉斯加，90年代，它们占领了美国东海岸地区。

郊狼原产于北美洲，外形与狼相似，但与狼的不同之处在于它的尾巴更浓密，通常向下垂，它的口鼻和耳朵更尖，特别是体形：郊狼可能看起来像一只饥饿的狼，即使它的身体非常健康。

据信，人类对郊狼与狼的生存对抗产生了影响，前者是草原上的猎手，喜欢开阔的栖息地，而后者则是丛林中的猎手。人类砍伐森林，使森林碎片化，这种地貌的改变为郊狼提供了更好的机会，而这种动物懂得利用机会，成了真正的“变革冠军”。

郊狼是一种机会主义捕食者，会用它能找到的所有可食用的东西填饱肚子，从水果、蔬菜或昆虫，到兔子、农场动物、垃圾或腐肉。这种动物的配偶是终生的，虽然通常独居，但也可能成群结队地去捕食体形更大的猎物。其多样化饮食和超强的适应能力（它可以生活在雪山、荒凉的沙漠，甚至像洛杉矶或纽约这样的城市）使得它正在全面扩张，并越来越向南迁移，最远到达了哥伦比亚。对于农场主来说，这是一个问题，因为郊狼会毫不犹豫地攻击家畜或宠物，如狗或猫，他们正在对这种不受他们欢迎的动物开战。定期组织狩猎以减少它的数量；然而，人们发现，郊狼被杀死得越多，其繁殖速度就越快。

概况

学名：
郊狼（*Canis latrans*）

分类：
食肉目犬科

分布范围：
郊狼遍布整个北美洲地区，从加拿大起直到巴拿马。

食物：
郊狼作为机会主义杂食动物，以蔬菜、水果、昆虫、老鼠和兔子等小型哺乳动物、腐肉和人类产生的垃圾为食。

声音：
会发出吠叫声、嗥叫声、尖叫声和嚎叫声。

科伊狼（*coywolf*）是一种杂交动物，是狼、郊狼和狗杂交的结果，研究人员称它为“生来就是幸存者”。在美国加利福尼亚州佩珀代因大学的哈维尔·蒙森进行的一项遗传研究中，这种新动物的显性基因是郊狼，25%的DNA（脱氧核糖核酸）是狼，10%是狗。杂交结果是一种高效且狡猾的捕食者和食腐动物，体重约为25千克，能够在城市环境中繁衍，因为它们不会被人类的存在所吓倒，而且足够聪明，如在过马路前会看两边的情况。

只有走鹃会反抗

2017年6月～2018年1月，加拿大蒙特利尔市已有近250次目击到郊狼的记录，与往年相比，这一数字极高。频率如此之高，以至于当局已经开始寻求野生动物管理专家的帮助。加拿大生态博物馆动物园的生物学家帕特里夏·帕里赛亚索在广播电台解释说，蒙特利尔的郊狼数量增加是由于附近地区的森林砍伐所致。“目前这种动物在它的领地遇到了问题，因为我们正在实施破坏。它已经能够适应城市环境”，帕里赛亚索说道。此外，这位专家肯定道，如果郊狼接近人类，那是因为人类提供了食物。在《与郊狼共处》的文件中，蒙特利尔市政府向居民提供了一些遇到郊狼时怎么办的建议。

根据美国弗吉尼亚理工学院暨州立大学对郊狼的饮食习惯进行的研究，马塞拉·凯利教授和迈克·菲斯教授得出了结论：这种动物是世界上适应能力最强的哺乳动物（最近有人在纽约大楼的屋顶上拍到了一只郊狼），但它几乎没有朋友。“在弗吉尼亚州，郊狼被列为一种‘有害物种’，在一年中的任何时候这些狼都可以被猎杀、诱捕或捕获，没有任何限制”，菲斯说。然而，这些方法并不奏效，这种犬科动物的扩张就证明了这一点。凯利总结道：“郊狼不仅适应性强，而且它们通过提高繁殖率来应对高死亡率。狩猎会促使雌性更早地繁殖，拥有更多数量的幼崽，小郊狼在独立之前会在家庭群体中待的时间更久。”

郊狼因对环境的适应能力和以家畜或垃圾为食的饮食习惯而成了存活率最高的动物之一。

研究

郊狼的扩张路线

1700年前，北美郊狼生存在今美国西部和墨西哥大部分地区。19～20世纪，郊狼的领地向北扩张到今天加拿大西部和五大湖周边地区，主要路线分为三条：1880～1930年，郊狼往西扩张至今美国西海岸；1900～1950年，郊狼从北方扩张到五大湖地区及今美国东海岸北部；1940～1990年，郊狼从南方扩张到今美国东海岸南部。今天，北美郊狼已遍及北美绝大部分地区。

特征

智慧行为

适应性。郊狼繁殖速度快，几乎以任何东西为食，其智慧使它们能够利用几乎所有地方的资源，从雪山到干旱的沙漠。而且它们已经占据大城市。

概况

学名：
粗结红蚁（*Myrmica scabrinodis*）

分类：
膜翅目蚁科

分布范围：
粗结红蚁几乎遍布整个欧洲。它们已被引入北美洲，在美国波士顿港附近的几个岛屿上。

食物：
谷物和豆类是粗结红蚁最喜欢的食物，它们也不排斥某些昆虫或蚜虫的甜味排泄物。

声音：
粗结红蚁会发出一种类似于沿着桌子边缘划动梳齿的声音。

爱尔康蓝蝶（*Maculinea alcon*）有一种不可思议的能力，用来欺骗红蚁属的蚂蚁。它们不仅可以让红蚁抚养它们的幼虫，而且可以让它们对待其幼虫比对待自己的幼虫更好。蝴蝶将其卵产在植物上，幼虫会以植物为食，直到它们为了让蚂蚁发现而掉落在地上。蚂蚁会用其触角触碰它们，蝴蝶幼虫就会释放出一种信息素，使蚂蚁相信这种昆虫就是它们中的一员。在十个月的毛虫阶段，会欺骗其抚养人将它当作自己的幼虫来饲养（有些类似于杜鹃的做法）。养父母甚至可能会拒绝自己的幼虫，而更大的嘲讽是，蝴蝶毛虫会以蚂蚁幼虫为食。

蚂蚁

据说如果把地球上所有的蚂蚁都放在一个天平上，它们的重量将与全人类的重量相同。除南极洲外，蚂蚁已经在地球上的所有陆地区域定居并繁衍，已知的物种超过1.4万种。

蚂蚁能够举起相当于其自身重量20倍的东西。已经证明它们不仅有记忆力，而且还有学习能力，甚至可以与蚁群中的其他同伴分享它们所学的知识。

蚁群有严格的等级制度，个体被分为以下等级：蚁后，唯一发育完全的雌蚁（蚁后有翅，但在交配后会脱落），能够产卵；工蚁是无生殖能力的雌蚁，没有翅，负责主要工作，数量最多；兵蚁是头大、上颚发达的工蚁，它们会保护蚁群、粉碎最坚硬的食物；有翅的蚁王或雄蚁，它们是从未受精的卵中孵化出来的，有小小的头和上颚，其唯一的功能是让蚁后受精，完成交配后就会死亡。粗结红蚁这一物种广泛分布于整个欧洲和东南亚高山地区。它的尺寸在4～5毫米，相当耐寒，生活在很多不同的栖息地（草原、森林、沿海沙地、砾石滩、泥炭沼泽、高山草甸等）。它的巢穴比其他蚂蚁的要小，通常在地面上建造蚁巢，有时也在石头、树桩下或在苔藓中。

蚂蚁有强壮的下颚，因为种子是其主要食物之一。尽管有人看到它在某些种类的茅膏菜（食肉植物）中偷盗昆虫或驱赶蚜虫，为它们"挤奶"以获得这些昆虫从植物汁液中所获取的甜液；而作为交换，蚂蚁会为它们提供保护。已被证实这种蚂蚁的下颚分泌物会使花粉丧失活性。婚飞发生在7月末至9月末，届时数百只蚁后会从蚁窝中出来，受精并建立新的蚁群。与其他社会性昆虫一样，蚂蚁主要通过一些被称为信息素的化学物质进行交流，且主要通过触角来识别这些信息素。通过这些嗅觉痕迹，蚂蚁们可以追踪其他同伴走过的路径，识别另一只同类来自哪个巢穴、其社会地位，警告危险或标记领地。它们还会发出、接收视觉和声音信号。

一种也会说话的昆虫

研究人员已经注意到，某些蚂蚁种类的成虫会发出声音。这种昆虫在其腹部有一些“穗状”的毛，它们会用一条后腿轻抚这些毛来发出声音。但英国沃林福德生态与水文学研究中心的昆虫学家卡斯滕·舍恩罗格决定再进一步研究。舍恩罗格和他的团队使用一个超灵敏的麦克风测量了十只粗结红蚁幼虫、六只未成熟的蛹和六只成熟的蛹（蚂蚁会经历完全变态发育，经过卵、幼虫、蛹和成虫阶段；幼虫在身体发生变化时会保持不动并禁食）所产生的声音。研究人员观察到，幼虫和未成熟的蛹完全没有声音，但成熟的蛹会发出短暂的脉冲声。

对这种声音的进一步分析表明，它是更为复杂的成虫声音的简化版本。就好像成熟的蛹在说：“救命！”而成虫在说：“嘿，我在这里，我需要你，来帮助我吧！”该团队在工蚁面前播放了成虫和成熟蛹发出的声音，工蚁作出了保护发声者的回应。随后，舍恩罗格在拔掉一些成熟蛹腹部的穗状毛后，开始扰乱了巢穴；工蚁的反应是拯救幼虫和蛹，除了那些因没有穗状毛而不会发出声音的。“这些声音中有复杂的信息，它们与化学信号相结合。要破解蚂蚁通过声音交流的一切，前期仍有许多工作要做。”舍恩罗格说。正是这个声学信号为人们了解昆虫社会如何交流添砖加瓦。

触角是蚂蚁的主要感觉器官。

蚂蚁，其中之一为粗结红蚁。

研究

声音交流

幼虫和未成熟的蛹没有声音，但成熟的蛹会发出有意义的声音。

特征

智慧行为

交流。蚂蚁复杂的社会使得交流变得至关重要。直到不久前，人们还认为信息素的气味信号是蚂蚁交换信息的主要方式，但最近人们发现蚂蚁也会发出视觉信号，甚至，一些物种的幼虫和成虫还会发出声音信号。

适应性。除南极洲外，蚂蚁已经遍及整个地球。

概况

学名:
灰胸鹦哥(*Myiopsitta monachus*)

分类:
鹦形目鹦鹉科

分布范围:
灰胸鹦哥原产于南美洲，现已传播到美国，以及欧洲、非洲和亚洲。

食物:
灰胸鹦哥主要食用果实和谷物，在自然界中，以野生和栽培的种子、嫩芽、果实和花朵、成虫与幼虫、小型鸟类(雀形目)的蛋和雏鸟，以及腐肉为食。在一年中的不同季节，它对各类食物的强大适应能力，是其扩张的主要有利因素之一。

声音:
由于非常善于交际，灰胸鹦哥拥有多种多样的声音，已确定多达11种不同的声音。

西班牙巴伦西亚自治区的布尔哈索特市不得不与四只栗翅鹰(*Parabuteo unicinctus*)和两名驯鹰人签订服务合约，以控制破坏铁荸荠、马铃薯、生菜和莱蓟作物的鹦鹉和鸽子灾害。猛禽仅出现三个星期就足以让入侵者将这个地方与捕食者联系起来，并习惯于避开这个地方。选择这种猎鹰是因为其智慧和适应性，此外，它们已经在其他地方被成功利用，这是一种既有效又生态的应对措施。

和尚鹦鹉

和尚鹦鹉，又名僧鹦鹉或灰胸鹦哥，是一种小型鹦鹉，体长在28~31厘米，颜色鲜绿，翅膀呈蓝色，而额头、脸颊、颈部、胸部和腹部都呈浅灰色。它的尾巴又长又尖。

和尚鹦鹉已被列入《西班牙外来入侵物种名录》，因为除其侵略性外，它已经形成与其他本地物种的竞争。已得到证实，和尚鹦鹉对欧乌鸫或野鸽的蛋和雏鸟有捕食的习惯，甚至取代了喜鹊。

和尚鹦鹉原产于南美洲，目前它已经不可遏制地扩张到该大陆的许多国家以及欧洲、非洲和亚洲。这些入侵动物被大规模地作为宠物捕获，然后被疏忽大意的主人释放，因为他们意识到和尚鹦鹉并不是一种他们所想象的那么令人愉快的宠物。此外，这种鸟打开笼子的能力也使它更容易逃脱，并因其突出的对其他气候和生态系统的强大适应能力而生存下来。

和尚鹦鹉很聪明，喜欢群居。它会建立复杂的社会群体，是鹦鹉科动物中唯一用紧密缠绕的树枝和棍子建造自己巢穴的代表性鸟类。这些鸟会在一个共用结构中筑巢，该结构随着新房间的增加而越来越大，直到重达60千克左右。它们在那里繁殖(3~8月)，全年在那里休息，并保护自己免受一些新栖息地的低温影响。它们在高处安家，通常在6~10米，最好是有可弯曲树枝的树上。任何试图消灭鸟群的行为都会因和尚鹦鹉的即刻重建而失败。

和尚鹦鹉有很强的饮食适应性，经常会利用各种食物资源，部分原因是它有非常强壮和灵活的喙，以及使它能够爬上植被和抓取食物的腿。在野外，这些鸟在喧闹的鸟群中高速飞行，不停地拍打着翅膀。有时它们会飞很远的距离，这得益于其纤细的身体、长长的翅膀和尾巴。

征服世界的鹦鹉

根据西班牙、美国、加拿大和澳大利亚研究人员进行的一项研究，在过去60年里入侵欧洲、北美洲和非洲的和尚鹦鹉来自同一地区，该地区位于巴西、阿根廷和乌拉圭之间。研究者包括来自西班牙多尼亚纳生物站、塞维利亚帕布罗·德奥拉韦德大学和巴塞罗那自然科学博物馆的专家，他们分析了从这些鸟类的线粒体DNA中获取的信息，以评估其遗传变异性。根据发表在《分子生态学》杂志上的这项研究，揭示了这种鸟类全球入侵的历史，北美洲鹦鹉和欧洲鹦鹉在其入侵种群中的遗传多样性低于本地种群。这些数据可能很重要，尽管在如何造成影响方面还没有达成共识。

数以千计的鹦鹉是为宠物贸易而进口的，在20世纪60年代，第一批野生鹦鹉种群开始出现在美国，20年后扩张到欧洲。在西班牙首都马德里，康普顿斯大学对和尚鹦鹉进行了调查，估计其数量约为2000只，因此环境和土地利用规划部授权了人们在狩猎季节的任何狩猎活动中可以捕获和杀死这种鸟。自然科学博物馆和巴塞罗那公共卫生局还分析了这种鹦鹉的分布模式，得出的结论是，有两个基本变量促使它入侵成功：人口密度（这使它们更容易找到更多的食物）和这些鹦鹉的饮食行为的变化，它们已经适应新的条件和不同的食物资源，主要是谷物和面包。

在阿根廷，20世纪初，和尚鹦鹉开始在潘帕斯草原的桉树林中繁殖。到2000年，只有一小部分草原没有这些动物，2010年，这一部分草原也被攻占了。这种鸟在110年中占据了近33万平方千米的土地。

研究

领地扩张

和尚鹦鹉已经攻占几乎所有大陆，在欧洲已经是一种入侵性灾害，几乎欧洲各国都受其侵扰。

除了欧洲，它还攻占了亚洲的朝鲜、日本、中东，东非，南美的巴西、阿根廷和智利，北美的美国和墨西哥，以及中美洲的一些岛国。目前可能只有大洋洲、极地（北极与南极）没有和尚鹦鹉的身影。

特征

智慧行为

适应性。和尚鹦鹉在其栖息地非常灵活，因为只要有树可以筑巢，它就不会在意温度（因为它会躲避在鸟巢里）或人类的存在，它知道如何利用人类获取优势。它已经习惯来自被入侵地区的新食物，特别是谷物和面包，这些食物占野生种群饮食的40%。

概况

学名：
美洲水貂（*Neovison vison*）

分类：
食肉目鼬科

分布范围：
美洲水貂原产于北美洲，在欧洲大部分地区（西班牙、英国、爱尔兰、意大利、法国、丹麦、奥地利、德国、荷兰、捷克共和国、冰岛、芬兰、瑞典和俄罗斯等国）、南美洲的阿根廷和智利，以及东亚和大洋洲的新西兰已成为野生动物。

食物：
美洲水貂以昆虫、甲壳类动物、软体动物、鸟类、小型哺乳动物、两栖动物、爬行动物和腐肉为食。在一些地方，同样被引入美洲的小龙虾也是其主要猎物。

声音：
美洲水貂能够发出一种口哨声和叫喊声，当受到惊吓时还会发出长长的呻吟声。

美洲水貂的扩张，除了其广泛的食物范围外，还得益于一些繁殖便利性。雌性可以同时被一只以上的雄性受孕，也可以延迟受精；也就是说，它们能够保留精子，以便在最有利的时刻进行受精，而不一定是在交配之后。也许这还不够，如果该地区的美洲水貂密度较低，它们每次生育的后代就会更多。

美洲水貂

美洲水貂是一种小型食肉动物，身体细长，呈圆柱形，腿短，有不完整的趾间膜，眼睛小，耳朵是圆形的，长尾巴毛茸茸的。种群众多。

除了与欧洲水貂进行直接竞争外，美洲水貂还带来了更大的风险，因为它携带一种病毒性疾病，这种疾病被称为水貂阿留申病（ADV），是由一种细小病毒引起的。携带该基因的水貂有免疫缺陷。

美洲水貂的下唇上有一块白斑，这使它与欧洲同名物种区分开来，后者的斑块也覆盖了上唇。此外，美洲水貂更结实、更健壮。它有浓密的皮毛，触感柔软，呈黑色或深棕色，但在其野化的来源地，毛皮养殖场中，可能会出现灰色或灰白色的个体。它是半水生和曙暮性动物，在白天也可以见到。它生活在河流、溪流、湖泊、池塘和水库中，只要有丰富的植被，这种动物对污染和人类的容忍度相当高。它是一种独居动物，可沿岸边行走长达五千米。

美洲水貂非常贪吃，以各种各样的猎物为食，从水生甲虫到野兔或家兔，这有利于其快速扩张。然而，它在捕鱼方面没有水獭那么娴熟，而且通常在冬季捕鱼，因为水温下降会导致鱼的活动能力和逃生能力减弱。

美洲水貂原产于北美洲，19世纪末，人类为了获取其毛皮以进行商业化生产而开始人工饲养这种动物。这种做法传播到欧洲。第二次世界大战后，水貂养殖场也出现在了亚洲和南美洲。由于自然灾害或遗弃，许多动物从笼子里逃了出来。此外，行动主义团体决定大规模释放这些动物，这使得它们攻占了大片地区，与本地动物群进行竞争（美洲水貂影响了整个欧洲的47种物种）。事实上，欧洲水貂是旧大陆第二大受威胁的哺乳动物，由于其美洲表亲的“过错”而处于极度濒危状态。

非常贪婪的入侵者

美洲水貂还被引入到巴塔哥尼亚的毛皮养殖场，在那里它最终野化并分散到整个地区，对大量生活在水边的鸟类，如黑颈天鹅、鸭子等造成了巨大的伤害。阿根廷拉普拉塔国立大学博物馆的研究员胡安·曼努埃尔·吉里尼领导了关于这种动物在拉宁国家公园的影响的首次研究："这对当局关于水貂种群数量采取系统的控制措施，如诱捕，提供了非常重要的理由和事实证据。这是保护受到严重威胁的当地物种的唯一方法。"吉里尼说。此外，他指出很难估计这些哺乳动物的数量，它们一直在从巴塔哥尼亚中部向北移动。

在西班牙，农业、食品和环境部于2013年制定了一项针对美洲水貂的管理、控制和根除战略。萨拉曼卡大学动物生物学系的一项研究，发表在《欧洲野生生物研究杂志》上，比较了这种入侵者来到弗朗西亚山脉的萨拉曼卡地区之前和之后的动物群。研究员巴勃罗·加西亚·迪亚斯说："水貂对水田鼠和卡布雷拉水鼩鼱造成的影响特别令人震惊，它们占据的领地已经缩小到原来的40%。"

美洲水貂

研究

美洲水貂与欧洲水貂在西班牙的对比

欧洲水貂作为本土物种，主要分布在西班牙坎塔布里亚自治区东部及巴斯克自治区大部分地区。入侵物种美洲水貂，除了入侵巴斯克自治区一部分地区外，还存在于加利西亚自治区西部、卡斯蒂利亚–莱昂自治区、阿拉贡自治区南部和加泰罗尼亚自治区北部。

特征

智慧行为

适应性。由于美洲水貂的多变性和广泛的食物范围，只要附近有水，无论是河流还是水库，它们几乎可以居住在任何栖息地。

概况

学名：
欧亚大山雀（*Parus major*）

分类：
雀形目山雀科

分布范围：
大山雀遍及整个欧洲、亚洲和北非。从西到东，其分布地区从葡萄牙到日本。最北端的种群生活在挪威北部和芬兰，最南端的种群生活在加里曼丹岛东南部的帝汶岛。在非洲，它只居住在摩洛哥、阿尔及利亚和埃及的北部地区。

食物：
大山雀以坚果、水果、花、根、鳞茎、芽、花蜜、树液、昆虫、种子，甚至小型鸟类的雏鸟为食。

声音：
它有广泛的声音表现形式。超过40种不同的发声方式已被确认，从重复的“嘀—嘀—”到“呼—嚓—呼”或“嘶吁啼—吁啼”。还可以听到“呼咔”形式的响亮鸟鸣声。其最有代表性的歌声是三音节的“吡—吡—搬”。

污染产生的重金属可能会对大山雀产生毒性，以至于影响其繁殖和生理机能。西班牙巴塞罗那自然科学博物馆的科学家们分析了8种典型的金属，并发现了对鸟类的影响，例如胸部黄色的色调变浅，或黑色脖颈的变化，由于受到汞的危害，雄性大山雀对雌性的吸引力降低。

大山雀

大山雀，又称欧亚大山雀，是整个欧洲、亚洲和北非的一种很常见的鸟类。它最长可以长到14厘米，重18克。它对人类相当信任，由于其五颜六色的羽毛很容易辨认，它有黑色的兜帽和脖子，还有一条黑色的“领带”（雄性比雌性的更粗），从胸部一直延伸到腹部。

经过保加利亚鸟类保护协会组织的9000多人参与的网上投票，大山雀被选为保加利亚首都索非亚的代表性鸟类。投票人选择这种鸟是因为其鲜艳的颜色、欢快的歌声，以及它不迁徙、全年都留在城市的行为习惯。

大山雀身体上部为橄榄绿色，下部为黄色，翅膀呈黑色，有一条白带。这种鸟可以存在于多样的气候范围中，但条件是要有树木，可以是自然界的针叶树、落叶树、棕榈树、果树，也可以是城市公园和花园中的树木。它好奇心强、善于社交，还有些胆大包天，如果它习惯了，甚至可以吃人们手中的东西。

它几乎会在任何地方筑巢，只要那里能提供最低限度的舒适度，如树洞、空的松鼠洞穴、其他鸟类的巢穴、旧罐子、废弃的罐子或巢箱。它在食物方面也没有选择性，其生活习性根据季节和食物的供应情况而变化。种子、嫩芽、水果、昆虫（它更喜欢那些尺寸至少为一厘米长的昆虫）、小型鸟类的雏鸟、毛虫……事实上，大山雀是一种可能成为潜在害虫的毛虫——松带蛾（*Thaumetopoea pityocampa*）的主要天敌之一。但是更多的城市大山雀已经改变饮食习惯，学会了食用面包屑和其他人类掉落的残渣。它是最精明，具有适应性和好奇心最强的鸟类之一。20世纪初，英国开始将牛奶分派到家门口，将奶瓶留在人们的家门前。不久之后，大山雀和蓝山雀（*Cyanistes caeruleus*）学会了弄破瓶子的铝箔盖来喝里面的乳脂。这种习惯在英国各地传播开来，人们不得不在瓶颈上放置玻璃杯以防止这种情况发生。

不仅仅是一种可爱的小鸟

西班牙国家自然科学博物馆和卡斯蒂利亚-拉曼恰大学的研究人员在《行为生态学与社会生物学》杂志上发表了一篇文章，是关于蓝山雀和大山雀如何欺骗彼此，来让一只雌鸟抚养这两种物种的雏鸟，这种行为可能是由于缺少合适的筑巢地点而造成的。国家自然科学博物馆的研究员胡安·何塞·桑斯指出："这种看似偶然的行为可能是一种进化变化的开始，也许是未来两种物种之间产卵寄生的繁殖策略的第一步。"

在同类环境之外长大的鸟儿会学习其继兄弟姐妹的习惯：它们的鸣唱方式、如何觅食或选择最佳的筑巢地点。"这种学习可能是一种优势，因为作为成鸟，雏鸟将能够获得更多的资源。"来自西班牙卡斯蒂利亚-拉曼恰大学的拉斐尔·巴里恩托斯解释道。

西班牙巴塞罗那自然科学博物馆研究员琼·卡莱斯·塞纳、塞邦·里亚与瑞典乌普萨拉大学和美国得克萨斯大学，以及德国的马克斯-普朗克研究所合作，进行了一项实验，发表在期刊《动物行为学》上，该实验表明城市大山雀更加大胆。通过抽取它们的血液，发现这些居住在城市的个体拥有一种影响行为的基因——多巴胺受体D4。

这种可爱的小鸟可能有阴暗的一面。根据马克斯-普朗克研究所进行的一项研究，这些大山雀能够在最困难的情况下获得食物，除了打开牛奶瓶外，它们还学会了追踪欧洲蝙蝠，即普通伏翼（*Pipistrellus pipistrellus*）的栖息地，以便在它们休息时吃掉这些小型哺乳动物的大脑。科学家们声称，这种行为是由于缺乏食物而引起的。

大山雀

研究

获取食物的能力

大山雀已经学会弄破牛奶瓶的盖子来吃乳脂。

特征

智慧行为

适应性。大山雀是一种适应能力极强的鸟类。它可以毫无问题地适应不同的气候（只要没有达到极端气候）和栖息地，几乎不在乎居住在什么类型的树上，因为其食物极其多样化，并且在资源匮乏的情况下，会毫不犹豫地去发掘新食物。它甚至能够寄生在其他鸟类的巢中，是为了让其他鸟类养育其雏鸟。

家麻雀

概况

学名:
家麻雀（*Passer domesticus*）

分类:
雀形目雀科

分布范围:
通过自然或引进的方式，家麻雀分布于除南极洲外的所有大陆。

食物:
家麻雀是杂食动物和机会主义者。种子、花、叶、草、昆虫、蜘蛛、小型爬行动物和各种各样的人类废物都是它的食物。

声音:
家麻雀一年四季都很吵闹，但在繁殖季节尤其如此。它会发出响亮而短促的颤音，这些颤音相互结合起来会产生不同类型的叫声，包括求偶、接触、警告或警报的叫声。

第一批家麻雀于1851年被引入北美洲，以控制飞蛾灾害。一年后，另一批家麻雀抵达，它们在新土地上发现了一个理想的地方，那里有丰富的谷物和马粪。从那时起，它们开始迅速扩张，以至于在1889年，已经有协会致力于消灭这种新灾害。它们从美国向南扩散，到达了最南端的火地群岛。

家麻雀是人类最熟悉的鸟类，而且可能是整个地球上分布最广的鸟类，因为它存在于除南极洲以外的所有大陆上。

家麻雀在野外的预期寿命为八年，而在人工饲养的情况下可以达到13年。每次产卵4～7枚，孵化时间约为15天。幼鸟出生时没有羽毛，由父母双方照顾，直到它们能够飞行。

家麻雀是一种小而健壮的鸟，颜色为褐色，雄鸟除颜色更为明显外，在喙下和喉部之间有一种黑色领带，与雌鸟有所不同。幼雀或小麻雀类似于雌鸟。它与人类的关系如此密切，以至于在自然区域内几乎没有，而是更喜欢居住在村镇和城市，在人工场所（屋檐下、建筑物缝隙、屋顶瓦片下、路灯上等）筑巢。鸟巢由干草或稻草制成，巢内是其他鸟类的羽毛、绒毛或布片，甚至有人还在鸟巢里发现了烟头，这有助于驱除寄生虫。

家麻雀非常善于交际，不喜欢独处。它们会成群结队地寻找食物，当找到食物时，会通过一种叫声来吸引其他个体，但只有在食物充足时才会这样做，如果没有充足的食物，它们会默默地进食。它们富有冒险精神，不害怕新事物，尽管更喜欢摄食种子、蔬菜、昆虫和一些小型爬行动物，但它们也会尝试新的美食，因此在餐馆的露台上经常可以看到它们在吃剩菜。还有人观察到它们从蜘蛛网上“偷”昆虫。一些研究认为，家麻雀是在近东出现农业之后（大约一万年前）作为一种物种出现的，而另一些研究认为其起源要早得多，即50万年前。近年来家麻雀的扩张速度已经得到控制。在欧洲，其增长速度已下降63%之多，这使得西班牙鸟类学会将其命名为2016年年度鸟类。主要原因是污染、杀虫剂和除草剂的使用、城市绿地的缺乏、新的玻璃建筑缺乏供它们筑巢的角落和缝隙，以及入侵物种的存在，例如在西班牙的和尚鹦鹉。家麻雀的天敌包括猛禽和家猫。

与人类不可分割

西班牙高等科学研究理事会的研究员、生物学家丹尼尔·索尔对动物如何应对环境变化进行了大量研究。在这种情况下，家麻雀是如何能够如此容易地适应任何地方，并且可以在从海平面到海拔4000米的地方生活的?

根据这位科学家的说法，在新地方繁衍的要求之一是要有创新性行为和足够的灵活性，例如以“不同于以往所习惯的方式做事。一种鸟类想要成功地在一个新的或者改变了的环境中定居，它必须善于创新”。

美国南佛罗里达大学生物系教授林恩·马丁测试了麻雀对新事物的容忍度：她在食盆里装满蔚草，并在它们旁边放置了“外来”物品，例如玩具蜥蜴或球。这些鸟儿不仅没有被这些物品吓到，反而似乎被它们吸引了。马丁表示，这是为数不多的几次能够证实一种新元素对鸟类具有吸引力的情况。

家麻雀

家麻雀是在人类面前最自信的鸟。

研究

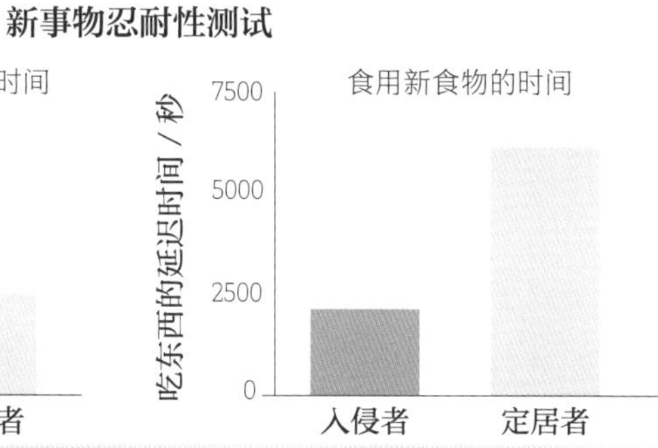

特征

智慧行为

适应性。家麻雀是世界上分布最广的鸟类，主要是因为其创新的性格和多样化的食物。最重要的是，它与人类保持着良好的关系。

概况

学名：
北美浣熊（*Procyon lotor*）

分类：
食肉目浣熊科

分布范围：
北美浣熊分布于北美洲及中美洲，从加拿大南部到巴拿马。后被引入欧洲和日本。

食物：
北美浣熊是杂食性动物，以螃蟹、青蛙、鱼、坚果、种子、浆果、腐肉、小型哺乳动物、人类废弃物等为食。

声音：
北美浣熊可发出呼噜声、呻吟声、哼叫声、咆哮声、口哨声、尖叫声和一种嘶鸣声。

北美浣熊作为宠物在20世纪中叶开始流行，并被出口到欧洲和日本。但它们确实是非常糟糕的宠物，因为它们可能具有攻击性，而且其夜行习性使它们与人类的习惯不太相容。人们意识到这一点，开始将浣熊遗弃在野外，由于其适应性很强，它们已经成为一种入侵物种，对当地的动植物造成了巨大的损害。

浣熊

浣熊，又称北美浣熊，是一种原产于北美洲的肉食性哺乳动物，它由人类引入了欧洲和日本，在那里已经成为野生动物，对当地动物造成了巨大的损害。它比猫略大，其皮毛呈银灰色，有一条长长的尾巴，上面有灰色和黑色的环纹。

在浣熊中，占统治地位的雄性与大多数雌性交配。在繁殖季节，雄性之间的斗争很频繁，某些特征，如体重或犬齿的大小，在战斗中是很重要的方面。

浣熊脸上有一些独特的黑色斑点，从眼睛一直延伸至脸颊，因此浣熊看起来像是戴着面具。它和熊一样是跖行动物，经常可以看到它坐在其后腿上，同时用前腿操纵物体，因为其前腿非常灵巧和敏感（对浣熊来说触觉非常重要）。

它是夜行性动物，非常喜欢独居，但它可以与其他同种动物一起分享食物或保卫领地。其杂食性使它能够适应不同的栖息地，虽然更喜欢落叶林和混交林，但它也可以生活在山区、沿海地区，甚至是非常靠近人类的村镇和城市，会从人类那里获取他们的废物。其唯一的要求是靠近河流或水域，在那里经常可以看到它捕鱼或捕捉螃蟹；在城市地区，它生活在靠近喷泉或池塘的地方。

纵观历史，美洲印第安人和欧洲殖民主义者一直都猎杀浣熊以获取食物和制作服装，例如捕猎者佩戴的有代表性的帽子。但奇怪的是，面对人类的扩张，其种群数量不但没有减少，反而蓬勃发展。浣熊狡猾、淘气，特别是好奇心非常强；这种强烈的好奇心已被研究人员视为一种智慧，因为其注意力并不集中在一个特定的目标上。这是最纯粹的学习。

调皮捣蛋，好奇心强

美国俄克拉何马州立大学的心理学家劳伦斯·伍斯特·科尔于1913年对22只老鼠、两条狗、四只浣熊和五名儿童进行了一项比较研究。随后，瓦尔特·塞缪尔·亨特对受试者进行了训练，以让他们将光源与被喂食的积极经验联系起来。任务是记住亮着的灯泡的位置，靠近灯泡并领取他们的奖励。亨特注意到一个明显的区别：老鼠和狗需要在灯泡熄灭期间一直保持它们的身体朝着灯泡的方向，才能正确识别灯泡，但浣熊和儿童一样，即使在分心之后他们也能正确识别刺激物。

最近，由美国怀俄明大学的劳伦·斯坦顿领导的一组美国科学家对八只人工饲养浣熊进行了一项研究，向它们展示了一个装有漂浮棉花糖的圆筒，棉花糖位置很低，无法拿起来。接下来，他们向动物们展示，将石头扔进圆筒就能将这种好吃的东西的位置抬高。该意图是想了解浣熊为了获取食物，是否能够通过排水来区分因果关系（乌鸦成功通过了测试）。八只浣熊中的两只模仿了这种方法，将石头扔进水里以获得棉花糖；第三只浣熊使用了它自己的策略：爬上圆筒，摇晃它，直到翻倒，从而获得了这种甜食。

浣熊，
又称北美浣熊。

研究

因果关系的区分
一些浣熊使用复杂的策略获得了这些甜食。

特征

智慧行为

问题的解决。浣熊能够解决简单的挑战。

记忆。浣熊拥有良好的记忆力，能够记住很多年前发生的事件。

适应性。浣熊能够生活在几乎任何栖息地，包括城市地区，在那里其种群数量比在野生地区多20%。

概况

学名：
野猪（*Sus scrofa*）

分类：
偶蹄目猪科

分布范围：
该物种的自然分布遍及欧洲、亚洲和北非，并已被引入美洲大陆、澳大利亚、新西兰和太平洋多个岛屿。

食物：
野猪的食物包括果实、橡子、浆果、真菌、无脊椎动物、蛋、小型哺乳动物、腐肉、垃圾……

声音：
野猪可发出不同的哼叫声和尖叫声。

在西班牙，野猪和家猪经常杂交，从而诞生斑猪，其个体的毛往往比野猪少，而且通常呈脏白色，有深色斑点。但最近开始流行购买越南猪作为宠物饲养，由于这种猪绝不是最好的宠物动物（体重可达80千克），许多不负责任的主人决定将这些猪遗弃在山林里。其结果是产生了野猪和越南猪的杂交品种，这种品种产仔量更大、更频繁，不怕人，此外，还是一种入侵物种。在巴西，它与野化家猪杂交，诞生了野家猪的杂种猪，目前它被认为是最严重的农业灾害之一。

野猪

野猪是家猪这种有蹄类动物的近亲，身体粗壮，腿短，头部又大又长，头部末端是坚硬的口鼻部，用它拱地来搜寻食物。它的毛由长而粗糙的鬃毛组成，底层下面有一层浓密的细毛。

从繁殖和种群数量增长的角度来看，野猪是一种机会主义物种，它通过改变出生时间分布、产崽数或其他方面来进行适应。据悉，每年有90%的成年雌性参与繁殖。

较年幼的小野猪被称为条纹猪，因为幼猪有11条浅棕色纵纹。雄性体重可超过100千克，有突出的犬齿，特别是下部的犬齿或“獠牙”，是一种强大的防御武器；雌性平均体重约为60千克。其社会组织是母权制，畜群由一只或多只成年雌性和它们的幼崽组成。成年雄性独居，只有在秋季发情期会聚集，而亚成体可能会组成小群。在其领地上，这些猪会经常打滚，洗泥浴，它们也喜欢在树干上抓挠，树干的树皮会因摩擦而变得磨损并发白。

野猪是一种杂食性动物，其食物有橡子、果实、真菌、腐肉、垃圾……因此，它遍布于各类栖息地：沼泽地、亚高山牧场、农业区和城市郊区。这种强大的适应性、天敌的稀少（只有狼可以与之对抗），以及高供应量的食物，使得整个欧洲的种群数量急剧增加。这带来了一些问题，例如对农作物和牧场的损害、交通事故，以及其种群数量过剩导致区域植被破坏，因野猪会拱掉土壤，拔出植物的根部，最终会导致植被死亡。在西班牙，它几乎被认为是一种灾害，但在旧大陆的其他地方，已经占据一些地区或国家，如瑞典、丹麦和英国，而在这些区域曾经一度灭绝。在阿根廷、智利、秘鲁、玻利维亚、墨西哥或乌拉圭等美洲国家，它被引入用于进行大型狩猎活动，并已传播到巴西东南部，对当地的生态系统造成了巨大影响。

所到之处皆为狼藉

管理部门对野猪数量增加的应对措施通常是增加对该物种的狩猎力度，然而，数据证实这种措施有相反的效果，因为它促使雌性更早成熟，产崽数量更多，每窝产下的幼崽也更多。在法国的一个地区进行的一项研究证实，由于狩猎造成的死亡是导致雌性在自身生存受到威胁的同时，进行更早繁殖和提高繁殖数量的原因。

《害虫管理科学》杂志上的一项研究，包含了18个欧洲国家的数据，该研究指出气候变化是野猪扩张的主要原因。较温和的冬季使这种动物能够在北方定居，且全年都有更多的食物，再加上密集的农作物，促使雌性野猪很快达到可以开始生育的30千克体重。

在分析了德国和东欧几十年来获得的一系列数据后，奥地利野生动物生态研究所的一组研究人员证实，野猪会根据环境条件和谷物产量来调整其生活策略，提前成熟并提高生育能力，其结果是种群数量增长率上升。

野猪

研究

野猪在欧洲和亚洲的扩张

野猪的种群数量过剩是由于其适应能力。目前，经过多年的扩张，野猪已遍及欧亚大陆、北美洲、北非，以及大洋洲的澳大利亚。由于难以在沙漠、寒冷的环境生存，北美的加拿大、北欧、北亚，中国的青藏高原和黄土高原没有野猪的身影。此外，南美洲、撒哈拉以南非洲也没有野猪。

特征

智慧行为

适应性。由于野猪在饮食和栖息地方面的灵活性、繁殖策略，以及在许多地方它已经没有对人类的恐惧，学会了利用农作物、垃圾和其他废弃物，其种群数量的增长目前在欧洲是无法阻挡的。此外，除了狼之外，它没有天敌。

黄脚银鸥

黄脚银鸥，又称黄腿银鸥，是地中海盆地数量最多的鸟类之一，但最大的鸟群位于西班牙蓬特韦德拉海岸附近的谢斯群岛，因为它也在大西洋沿岸繁殖。除灰色的背部和翅膀外，它呈白色，翼尖为黑色，体长60厘米，翼展1.5米，其黄色的喙和腿非常显眼。

这些银鸥的繁殖季节开始于在3月和4月之间，总是以定居的方式进行。成对的鸟儿在灌木丛中或岩石缝中筑巢，鸟巢是在地面上的一个小凹陷处，用藻类植物、草、羽毛和其他植物材料覆盖在上面；它们总是年复一年地重复使用这些巢。雌鸟会产下两个或三个蛋，孵化时间为25～30天。

黄脚银鸥是一种装备非常精良的鸟，能轻松自如地飞、游和走；如果停在冰雪上，血管中的瓣膜会将温暖的血液输送到腿部；它喝淡水和盐水，通过眼睛上方的腺体分泌多余的盐分。这种海鸥是杂食性动物，非常贪吃。它喜欢软体动物，会把软体动物扔到岩石上，然后吃掉肉质部分。虽然更喜欢鱼，但它也能够捕食哺乳动物和其他鸟类，如鸽子，此外还会食用腐肉，捕食其同类的鸟蛋和雏鸟，这就是为什么在鸟巢中，通常父母中的一方必须留下看守，以防止其幼鸟被其他黄脚银鸥吞食掉。人类活动为黄脚银鸥提供的两个主要食物来源是垃圾掩埋场和拖网渔船产生的捕鱼废弃物，这些海鸥在那里可以轻松获得大量食物。在许多国家，近年来由于现代生活副产品的可食用垃圾越来越多，其数量成倍增加，其繁殖区域也扩大了。

它生活在多岩石的小岛或悬崖绝壁上，但由于其定居地的饱和，很久以前就开始入侵内陆，它定居在西班牙的马德里、萨拉曼卡或萨拉戈萨等城市，那里的垃圾掩埋场和河流是觅食的理想场所。还发现有黄脚银鸥在水库中筑巢，如莱昂的里亚尼奥，这凸显了该物种适应任何类型栖息地的可塑性。它是定居类动物，还具有领地意识和侵略性，因此在其定居的地方，它会取代其他鸟类和海鸥，其粪便对建筑物和纪念碑非常有害，以至于被认为是一种灾害。

概况

学名：
黄腿银鸥（*Larus michahellis*）

分类：
鸻形目鸥科

分布范围：
黄腿银鸥分布于欧洲、非洲，从黑海西部到地中海盆地、伊比利亚半岛、北非和马卡罗尼西亚（亚速尔群岛、加那利群岛、佛得角群岛、马德拉群岛和荒野群岛）。自20世纪中叶以来，它开始占领法国大西洋沿岸，英吉利海峡和中欧。

食物：
黄腿银鸥的主要食物是鱼、软体动物和甲壳类动物，但它也摄食幼鸟和鸟蛋（甚至是其同一物种的）、鸽子和乌鸫等成年鸟类、小型哺乳动物（小鼠、老鼠和兔子）、垃圾掩埋场的垃圾、腐肉和烂茎碎叶。

声音：
黄腿银鸥非常吵闹，会发出聒噪的叽叽喳喳声，鼻音很重且很深沉，就像重复而响亮的“凯欧”或类似于“啊啊呜……凯啊啊-凯啊-凯啊呜”的笑声。

很长一段时间，这种鸟都被认为是银鸥（*Larus argentatus*）的一种，但最近已确认它为一种不同的物种。除了腿的颜色（银鸥的腿是粉红色的），黄脚银鸥拥有更修长的身体，尾巴和翼羽尖端之间的距离更长。

贪婪且大胆

通过分析在阿尔及利亚中部海岸的两个群落中收集的118个成年黄脚银鸥的食丸（由一些鸟类通过嘴吐出的未经消化的残渣组成的球），对黄脚银鸥的食物进行了研究。在阿尔及利亚提济乌祖的穆卢德·马梅里大学进行的这项研究，确定了这种动物有89种不同的食物。其丰富多样的饮食主要由垃圾掩埋场的有机残渣组成，其次是陆地猎物、海洋脊椎动物和植物。

隶属于西班牙高等科学研究理事会的多尼亚纳生物站研究了来自同一鸟群中的黄脚银鸥样本的个体差异，从而了解了这些特化与该物种扩张的相关性。黄脚银鸥是南欧成功物种的一个明显例子，因为在繁殖期使用全球定位系统传感器监测到了18只黄脚银鸥。

结果表明，就所利用的栖息地类型而言，它是一种极其普通的动物。然而，在个体层面上，种群内部存在不同程度的特化。研究表明，这种特化可能是物种扩张成功的一种机制，因为这可能意味着对食物资源竞争的减少。

20世纪70年代，第一批黄脚银鸥群出现在西班牙马德里，飞过了曼萨纳雷斯河，其数量一直没有停止增长。2009年，西班牙鸟类学会统计了在半岛内部有60万只。但这些鸟儿并不像人们一开始所想的那样全部来自西班牙海岸，其中有许多来自北欧，它们来这里觅食，正如我们已经提到过的，主要是从垃圾掩埋场中寻找食物。

黄脚银鸥

特征

智慧行为

适应性。该物种对人造资源展现出的极强的灵活度和适应性促使它逐渐在城市地区筑巢，并在一整年中将巢穴用作休息、庇护和进食的场所。它在饮食上的机会主义和杂食性使它几乎能够在任何地方找到食物，无论是在海上还是在内陆。

赤狐

赤狐或红狐是最著名和数量最多的犬科动物之一。体形与中型犬相似，它的毛通常是红色的，可能在赭石色到灰色之间变化，耳朵的尖端和腿的末端呈黑色。

赤狐的交配通常发生在1月和2月。在生命的第一年赤狐就会达到性成熟，但在种群数量密度高的地区，许多一岁的幼狐不会进入发情期，会流产或抛弃其幼仔。经过52天的妊娠期后，会在洞穴中分娩。

赤狐最具特色的是它那毛茸茸的尾巴，通常横着，尾梢上有一个白色斑点，赤狐将尾巴当作平衡杆，当追逐猎物，进行快速跳跃时，用以保持平衡。在神话和文学作品中，特别是在寓言中，它被认为是一种狡猾而聪明的动物。它可以生活在广泛的栖息地，如沿海地区、草原、森林、山区和城市地区（它更喜欢如伦敦和巴黎等大城市的周边地区），因为什么都吃，这使得它适应性极强。赤狐在世界范围内分布非常广泛，据估计，这一物种占据了7000万平方米的地方。相对于体形来说，这种动物的胃是所有犬科动物中最小的，每天吃0.5～1千克的食物就足够了。

赤狐是夜行性动物，独来独往，而且非常安静，因此很难察觉到其存在。它白天躲在灌木丛中或在岩石间挖掘的洞穴中，在夜幕降临时外出捕食。其眼睛有垂直的瞳孔，就像猫科动物一样，这表明它偏爱黑夜，其最强感官是嗅觉和听觉。

它是家禽的主要捕食者之一，能够翻过小栅栏进入鸡舍，这使得它不受农民的欢迎。然而，自古以来它的毛皮受到青睐，狐狸和水貂养殖场很常见，人类将它们的毛皮做成围脖、围巾、暖手筒、帽子和大衣。除人类外，其捕食者还包括狼、郊狼、美洲狮、金雕和雕鸮。

概况

学名：
赤狐（*Vulpes vulpes*）

分类：
食肉目犬科

分布范围：
赤狐栖息在欧洲、亚洲和北美洲。后已被引入澳大利亚。

食物：
赤狐以陆生无脊椎动物（蚯蚓、鞘翅目、直翅目和鳞翅目）、小型哺乳动物、鸟类、两栖动物、爬行动物、腐肉、垃圾、果实和浆果为食。

声音：
赤狐能够发出各种声音，特别是在发情期，但最独特的声音是一种尖叫声，类似于人类处于困境中发出的声音，让人不寒而栗。

1855年，人类决定将赤狐引入澳大利亚，作为狩猎物种（就像他们在英国所做的那样）。从那时起，其种群数量就开始不受控制地增长，它被认为是澳大利亚大陆的一些本土动物濒临灭绝的罪魁祸首，这就是为什么根据国际自然保护联盟的分类，它被列入100种最具危害性的外来入侵物种名单。为了控制这些狐狸，人们会使用令它们目眩的灯光或诱饵陷阱进行夜间狩猎。

狡猾且安静

美国加州大学戴维斯分校的一组科学家在马克·斯坦森的领导下，对赤狐的基因组进行了研究，他们从1000只赤狐样本中收集收据，以追溯其父系祖先。目前，对母系DNA的研究表明，欧亚大陆和北美洲的狐狸组成了一个独一无二的种群，它们通过亚洲和阿拉斯加之间的白令陆桥相互联系。但这项新的研究显示，北美洲和欧亚大陆的狐狸在大约40万年里几乎完全隔绝。基因研究进一步表明，第一批赤狐起源于中东，然后它们开始了跨越欧亚大陆到西伯利亚，以及穿越白令海峡来到北美洲。

“成功穿越白令海峡的那个小群体继续攻占整个大陆，并找到了自己的进化之路。”美国兽医遗传学实验室的教授马克·斯坦森说。

在狐狸的长途旅行中，冰盖的形成以及温度和海平面的波动产生了隔绝和重新连接的时期，这影响了其领地分布。斯坦森认为，这种犬科动物的进化史可以帮助人类了解其他物种可能如何应对气候和环境变化。

赤狐

研究

英国赤狐的扩张实例
在英国约有3.3万只城市赤狐，约有25万只赤狐生活在农村地区。有1万只狐狸生活在英国伦敦。

特征

智慧行为

适应性。赤狐是世界上分布最广的野生犬科动物。它在栖息地和食物方面的灵活性，加上它的好奇心和狡猾，使它能够征服几乎任何领地，无论是在大自然还是城市地区。

其他示例

除了我们已经看到的那些，还有很多动物都不得不适应环境，特别是与人类共存并利用其好处，因为它们的生存正依赖于此。有些很明显的例子，例如老鼠或鸽子，它们是真正的共生动物，存在于所有的人类居住区，但其他动物更容易被忽视……

乌鸦的机会主义食谱使它成为垃圾填埋场或废物处理场的常客。在适应能力上，乌鸦可以夺冠，因为它能够生活在像北极一般的极端气候中和像珠穆朗玛峰这样的极端高海拔地区。同样的幸存者还有蝙蝠，它们在城市地区学习如何捕猎，在夜间的路灯旁边有大量被灯光吸引的昆虫在等着它们，这是一顿非常惬意的晚餐。和乌鸦一样，喜鹊也乐于人类对环境所做的改变，这种鸟能在垃圾箱中找到一家好餐馆。就乌鸫和蓝山雀而言，它们会在城市的公园和花园中觅食，而聪明的穴小鸮则会利用任何被其他动物遗弃的巢穴，居住在里面成为擅自占据者。巴巴多斯牛雀已经习惯人类，且生活在人类的花园中。

蝙蝠
（*Vespertilio superans*）
翼手目
分布：世界各地，
除南极洲外

原鸽
（*Columba livia*）
鸽形目
分布：欧亚大陆和北非

乌鸦
渡鸦（*Corvus corax*）
雀形目
分布：欧洲、亚洲、
非洲和北美洲

喜鹊
（*Pica pica*）
雀形目
分布：欧亚大陆、
北美和非洲

巴巴多斯牛雀
（*Loxigilla barbadensis*）
雀形目
分布：巴巴多斯

穴小鸮
（*Atheme cunicularia*）
鸮形目
分布：美洲

寒鸦
秃鼻乌鸦（*Corvus frugilegus*）
雀形目
分布：欧洲、北非和亚洲部分地区

蓝山雀
（*Cyanistes caeruleus*）
雀形目
分布：欧洲、北非和亚洲的北部、中东

乌鸫
欧亚乌鸫（*Turdus merula*）
雀形目
分布：欧洲、亚洲、北非。被引入南美洲、大洋洲的澳大利亚和新西兰。

老鼠
褐家鼠（*Rattus norvegicus*）
啮齿目
分布：世界各地

索引

索引